과학공화국
생물법정

7
유전과 진화

과학공화국 생물법정 7

유전과 진화

ⓒ 정완상, 2007

초판 1쇄 발행일 | 2007년 8월 30일
초판 16쇄 발행일 | 2022년 9월 28일

지은이 | 정완상
펴낸이 | 정은영
펴낸곳 | (주)자음과모음

출판등록 | 2001년 11월 28일 제2001-000259호
주소 | 10881 경기도 파주시 회동길 325-20
전화 | 편집부 (02)324-2347, 총무부 (02)325-6047
팩스 | 편집부 (02)324-2348, 총무부 (02)2648-1311
e-mail | jamoteen@jamobook.com

ISBN 978-89-544-1471-5 (04470)

과학공화국
생물법정

7
유전과 진화

정완상(국립 경상대학교 교수) 지음

|주|**자음과모음**

생활 속에서 배우는 기상천외한 과학 수업

생물과 법정, 이 두 가지는 전혀 어울리지 않는 소재들입니다. 그리고 여러분에게 제일 어렵게 느껴지는 말들이기도 하지요. 그런데도 이 책의 제목에는 '생물법정'이라는 말이 들어 있습니다. 그렇다고 이 책의 내용이 아주 어려울 거라고 생각하지는 마세요.

저는 법률과는 무관한 과학을 공부하는 사람입니다. 하지만 '법정'이라고 제목을 붙인 데에는 나름의 이유가 있습니다.

이 책은 우리 생활 속에서 일어나는 여러 가지 재미있는 사건을 다루고 있습니다. 그리고 과학적인 원리를 이용해 사건들을 차근차근 해결해 나가지요. 그런데 크고 작은 사건들의 옳고 그름을 판단하기 위한 무대가 필요했습니다. 바로 그 무대로 법정이 생겨나게 되었지요.

왜 하필 법정이냐고요? 요즘에는 〈솔로몬의 선택〉을 비롯하여 생활 속에서 일어나는 사건들을 법률을 통해 재미있게 풀어 보는 텔레비전 프로그램들이 많은데 그 프로그램들이 독자 분들께 재미있게 여겨질 거라고 생각했기 때문이지요. 사건에 등장하는 인물들이 우스꽝스럽고, 사건을 해결하는 과정도 흥미진진하고 말입니다. 〈솔로몬의 선택〉이 법률 상식을 쉽고 재미있게 얘기하듯이, 이 책은 여러분의 생물 공부를 쉽고 재미있게 해 줄 것입니다.

여러분은 이 책을 읽고 나서 자신의 달라진 모습에 놀랄 겁니다. 과학에 대한 두려움이 싹 가시고, 새로운 문제에 대해 과학적인 호기심을 보이게 될 테니까요. 물론 여러분의 과학 성적도 쑥쑥 올라가겠죠.

끝으로 이 책을 쓰는 데 도움을 준 (주)자음과모음의 강병철 사장님과 모든 식구들에게 감사를 드리며 주말도 없이 함께 일해 준 과학 창작 동아리 'SciCom'의 모든 식구들에게 감사를 드립니다.

진주에서
정완상

목차

판사

생치 변호사

생물법정의 탄생

태양계의 세 번째 행성인 지구에 과학공화국이라고 부르는 나라가 있었다. 이 나라는 과학을 좋아하는 사람이 모여 살았고 인근에는 음악을 사랑하는 사람들이 살고 있는 뮤지오 왕국과 미술을 사랑하는 사람들이 사는 아티오 왕국, 그리고 공업을 장려하는 공업공화국 등 여러 나라가 있었다.

과학공화국은 다른 나라 사람들에 비해 과학을 좋아했지만 과학의 범위가 넓어 어떤 사람은 물리를 좋아하는 반면 또 어떤 사람은 생물을 좋아하기도 했다.

특히 다른 모든 과학 중에서 주위의 동물과 식물을 관찰할 수 있는 생물의 경우 과학공화국의 명성에 맞지 않게 국민들의 수준이 그리 높은 편이 아니었다. 그리하여 농업공화국의 아이들과 과학공화국의 아이들이 생물 시험을 치르면 오히려 농업공화국 아이들의 점수가 더 높을 정도였다.

특히 최근 인터넷이 공화국 전체에 퍼지면서 게임에 중독된 과학공화국 아이들의 생물 실력은 평균 이하로 떨어졌다. 그것은 직접 동식물을 기르지 않고 인터넷을 통해 동식물의 모습만 보기 때문이었다. 그러다 보니 생물 과외나 학원이 성행하게 되었고 그런 와중에 아이들에게 엉터리 내용을 가르치는 무자격 교사들도 우후죽순 나타나기 시작했다.

생물은 일상생활의 여러 문제에서 만나게 되는데 과학공화국 국민들의 생물에 대한 이해가 떨어지면서 곳곳에서 분쟁이 끊이지 않았다. 그리하여 과학공화국의 박과학 대통령은 장관들과 이 문제를 논의하기 위해 회의를 열었다.

"최근의 생물 분쟁을 어떻게 처리하면 좋겠소?"

대통령이 힘없이 말을 꺼냈다.

"헌법에 생물 부분을 좀 추가하면 어떨까요?"

법무부 장관이 자신 있게 말했다.

"좀 약하지 않을까?"

대통령이 못마땅한 듯이 대답했다.

"그럼 생물학으로 판결을 내리는 새로운 법정을 만들면 어떨까요?"

생물부 장관이 말했다.

"바로 그거야. 과학공화국답게 그런 법정이 있어야지. 그래, 생물 법정을 만들면 되는 거야. 그리고 그 법정에서의 판례들을 신문에 게재하면 사람들이 더 이상 다투지 않고 자신의 잘못을 인정할 거야."

대통령은 미소를 환하게 지으면서 흡족해했다.

"그럼 국회에서 새로운 생물법을 만들어야 하지 않습니까?"

법무부 장관이 약간 불만족스러운 듯한 표정으로 말했다.

"생물은 우리가 직접 일상 곳곳에서 관찰할 수 있습니다. 누가 관찰하든 같은 구조를 보게 되는 것이 생물이죠. 그러므로 생물 법정에서는 새로운 법을 만들 필요가 없습니다. 혹시 새로운 생물 이론이 나온다면 모를까…….."

생물부 장관이 법무부 장관의 말을 반박했다.

"그래 나도 생물을 좋아하지만 생물의 구조는 참 신비해."

대통령은 생물 법정을 벌써 확정 짓는 것 같았다. 이렇게 해서 과학공화국에는 생물학적으로 판결하는 생물 법정이 만들어지게 되었다.

초대 생물 법정의 판사는 생물에 대한 책을 많이 쓴 생물짱 박사가 맡게 되었다. 그리고 두 명의 변호사를 선발했는데 한 사람은 생물학과를 졸업했지만 생물에 대해 그리 깊게 알지 못하는 생치라는 이름을 가진 40대였고 다른 한 변호사는 어릴 때부터 생물 박사 소리를 듣던 생물학 천재인 비오였다.

이렇게 해서 과학공화국의 사람들 사이에서 벌어지는 생물과 관련된 많은 사건들이 생물 법정의 판결을 통해 깨끗하게 마무리될 수 있었다.

유전 법칙에 관한 사건

노란 완두콩

노란 완두콩 사이에 왜 녹색 완두콩이 나오는 걸까요?

과학공화국에는 어느 날인가부터 콩 음식 열풍이 불었다. 어떤 텔레비전 건강 프로그램에서 콩이 밭에서 나는 고기라는 둥, 식물이기 때문에 지방이 많은 고기를 섭취하는 것보다 훨씬 낫다는 둥 콩에 대한 예찬을 좌르르 늘어놓았다. 그 후 신문과 뉴스 여기저기서 콩에 대한 효능을 앞 다투어 소개하였다. 그리고 '콩으로 만든 우유' '콩으로 만든 과자' '콩으로 만든 기름' 등 콩으로 만든 식품들이 홍수를 이루듯 시중에 쏟아져 나왔다.

콩 중에서 사람들이 가장 좋아하는 콩은 바로 완두콩이었다. 특

히 완두콩 뻥튀기 과자는 맛이 좋을 뿐 아니라 다이어트 식품으로
도 선풍적인 인기를 끌었다. 그래서 농가에서는 너도나도 완두콩
을 재배하려 했고 그중 한 사람이 한심해였다.

한심해는 남들이 알아주는 대학을 졸업하고 유명한 대기업에 들
어갔지만 일 년 만에 회사를 그만두고 아무런 준비도 없이 무작정
시골로 내려온 대책 없는 신입 농부였다. 젊은이의 열정으로 농사
를 지으면 잘될 것이라고 생각했지만 농사에 대해 잘 알지 못했기
때문에, 그가 짓는 농사는 번번이 실패했다. 그러나 그는 농사의
대가들을 찾아가 농사의 노하우를 배우고, 유기 농법 등 농사에 관
한 책을 열심히 읽은 덕에 어느덧 꽤 괜찮은 농부가 될 수 있었다.

"총각, 이번 수확은 잘되었는감?"

"네, 그럭저럭요. 할아버지는 어떠세요?"

"난 이번에 아주 잘되었지. 허허. 완두콩 열풍인지 뭔지 덕분에
이번에 수확한 완두콩도 다 팔았지 뭐야. 그동안 완두콩은 잘 안
팔려서 애물단지였는데 요즘은 효자 노릇을 톡톡히 한다니까. 허
허. 어이쿠, 도시에서 사람이 온다고 했는데 난 이만 가 봐야겠네."

완두콩을 재배하는 할아버지는 껄껄 웃으며 자신의 집으로 돌아
갔다. 한심해는 그런 할아버지가 내심 부럽고 괜히 샘이 났다.

"나도 완두콩이나 심어서 팔아 볼까?"

한심해는 그날부터 인터넷에서 완두콩에 대해 조사하였다. 완두
콩 예찬에 관한 인터넷 기사들이 즐비하였고 각 쇼핑몰에서는 완

두콩 식품을 판다고 요란하게 광고했다.

"이거 잘하면 돈 되겠는데…… 한번 해 볼까? 아, 고민된다."

한심해는 곰곰이 생각해 보았다. 한심해가 살고 있는 마을에서 완두콩을 꾸준히 재배하던 농가들은 완두콩 열풍 덕에 큰돈을 벌었다. 그러자 마을 사람들은 너도나도 완두콩을 재배했지만 이전부터 완두콩 농사를 짓던 사람들만큼 큰돈을 벌지는 못했다.

"완두콩 재배가 그렇게 까다로운가? 배나무 집 할아버지가 하는 걸 보면 안 그렇던데…… 하긴 그분은 태어나서 쭉 완두콩만 키우셨으니까. 그나저나 해, 말아?"

한심해는 큰 도박을 하는 것 같았다. 사실 지금 완두콩 농사를 시작하는 것은 큰 모험이 아닐 수 없었다.

"엇, 노란색 완두콩? 그런 것도 있나?"

한심해는 우연히 노란색 완두콩이 있다는 것을 발견했다. 어떤 쇼핑몰에 노란색 완두콩을 판다는 광고를 보고 눈이 휘둥그레졌던 것이다.

"노란색 완두콩도 있나? 난 녹색밖에 못 봤는데…… 색깔을 입힌 건가?"

한심해는 노란 완두콩에 대한 자료를 읽어 내려갔다. 광고의 내용은 원래 완두콩은 노란색과 녹색이 있는데 우리가 먹는 것은 녹색밖에 없으니 색다르게 노란색 완두콩을 키워 보자는 것이었다.

"노란색 완두콩이라…… 흥미로운데? 색깔이 특이한 완두콩이니까 사람들이 좋아하겠지? 그런데 왜 이렇게 비싸?"

한심해는 가격을 보고 자신의 눈을 의심했다. 아무리 희귀한 것이라고는 하지만 농가에서 키우기에는 터무니없이 비쌌기 때문이다. 당장 항의하려던 한심해는 광고의 마지막 문구를 본 뒤, 자신의 생각을 접었다.

본 노란색 완두콩은 외국에서 수입하여 정제하였기 때문에 다른 완두콩에 비해 가격이 비쌉니다. 하지만 노란색 완두콩을 심어 완두콩 꽃끼리 수정시키면 노란색 완두콩만 나옵니다. 이번 기회에 희귀한 노란색 완두콩을 키워 보세요.

한심해는 그럴 수도 있겠다고 생각했다. 그리고 투자한 돈의 배로 벌면 된다고 생각해 큰맘 먹고 노란색 완두콩을 주문했다. 며칠 후 주문한 노란색 완두콩이 도착했다.

"흐흐, 난 이제 부자가 되는 거야. 겨울에 재배해서 봄에 파는 완두콩 값이 더 비싸니까 이걸 겨울에 키워서 팔면 산 것보다 많이 벌 수 있겠지?"

한심해는 신이 나서 비닐하우스를 짓고 다른 사람들이 출입하지 못하게 특수 장치를 해 놓았다. 봄이 되어 완두콩을 재배해서 팔면 부자가 되어 집도 사고 해외여행도 다니고…… 그동안 꿈꿔 왔던 일들을 할 수 있다는 큰 기대감에 부풀어 한심해는 겨우내 하늘 위로 붕붕 날고 있었다.

"총각, 요새 잘 안 보이더니 추워서 집에만 있었는감?"

"아니요, 비닐하우스 농사를 하고 있어요."

"무슨 농사하는데? 딸기?"

"딸기는 무슨! 전 그런 시시한 거 안 해요."

"허허, 딸기도 쏠쏠한 농사인데 시시하다니. 뭘 하는데?"

"봄이 되면 곧 아시게 될 거예요. 저는 바빠서 이만."

한심해는 배나무 집 할아버지를 뒤로 하고 회심의 미소를 지으며 비닐하우스로 향했다. 봄이 되면 할아버지가 날 엄청 부러워하겠지? 하는 생각에 괜한 짜릿함까지 느껴졌다.

"내 소중한 보물들아, 무럭무럭 건강하게 자라서 노란 완두콩을 쑥쑥 낳아 주렴!"

겨울이 지나고 완두콩을 수확할 때가 왔다. 한심해는 두근거리는 마음으로 콩깍지를 열었다.

"아니! 왜 녹색 콩이 나온 거지?"

아무리 눈을 씻고 봐도 콩은 여전히 녹색이었다. 물론 수확한 대부분의 콩은 노란색이었지만 약 $1/4$가량이 녹색 콩이었다. 화가 난 한심해는 당장 인터넷 쇼핑몰의 고객 센터로 전화했다.

"사랑합니다, 고객님. 무엇을 도와드릴까요?"

"노란색 완두콩을 샀던 사람인데요, 이거 왜 이렇습니까?"

"무엇이 문제십니까? 불량 콩이 나왔나요?"

"노란색 완두콩끼리 교배하면 노란색 완두콩만 나온다고 했잖아요. 그런데 왜 녹색 완두콩이 나온 거죠?"

"고객님, 죄송하지만 사용하신 완두콩은 교환·환불해 드릴 수 없습니다."

"아니, 분명 노란색 완두콩만 나온다면서요? 설명서대로 안 되었다면 당연히 환불해 줘야죠!"

"죄송합니다, 고객님. 저희 회사 규정상 어쩔 수 없습니다. 좋은 하루 되세요."

고객 센터 직원은 무심하게 전화를 끊어 버렸고 한심해는 화가 났다.

"아니, 고객을 무슨 바보로 아는 거야? 분명 노란 콩만 나온다며? 나 참."

한심해는 쇼핑몰의 상품 정보를 프린트하고 자신이 수확한 콩들의 사진을 찍어 생물법정에 보낸 후 인터넷 쇼핑몰을 고소하였다.

서로 반대되는 유전자가 함께 있을 때 둘 중 더 강한 형질 즉, 우성 형질만 나타나는 것을 '우열의 법칙' 이라고 합니다.

과학공화국
생물법정 7

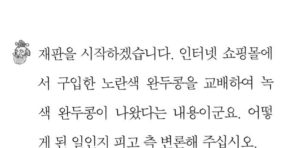

노란색 완두콩 사이에서 녹색 완두콩
이 나올 수 있을까요?
생물법정에서 알아봅시다.

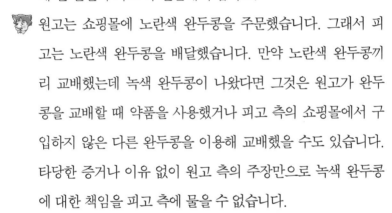

재판을 시작하겠습니다. 인터넷 쇼핑몰에
서 구입한 노란색 완두콩을 교배하여 녹
색 완두콩이 나왔다는 내용이군요. 어떻
게 된 일인지 피고 측 변론해 주십시오.

원고는 쇼핑몰에 노란색 완두콩을 주문했습니다. 그래서 피
고는 노란색 완두콩을 배달했습니다. 만약 노란색 완두콩끼
리 교배했는데 녹색 완두콩이 나왔다면 그것은 원고가 완두
콩을 교배할 때 약품을 사용했거나 피고 측의 쇼핑몰에서 구
입하지 않은 다른 완두콩을 이용해 교배했을 수도 있습니다.
타당한 증거나 이유 없이 원고 측의 주장만으로 녹색 완두콩
에 대한 책임을 피고 측에 물을 수 없습니다.

쇼핑몰 측에서는 노란색 완두콩 사이에서 녹색 완두콩이 나
올 리가 없다는 겁니까?

그렇습니다. 노란색 완두콩을 배송한 것은 확실합니다. 그 점
에 대해서는 원고 측에서도 인정하고 있습니다. 따라서 원고
측의 잘못으로 녹색 완두콩이 나온 것으로 생각됩니다.

노란색 완두콩을 배송한 것은 확실하다고 하니 피고 측의 주

장에도 일리는 있군요. 원고 측의 변론을 들어 보겠습니다. 원고 측 변론하십시오.

인터넷 쇼핑몰에서 배달된 완두콩은 노란색 완두콩이 맞습니다. 하지만 분명 인터넷 쇼핑몰에서 배달된 노란색 완두콩 사이에서 녹색 완두콩이 나왔습니다.

이에 대해 피고 측에서는 원고가 완두콩을 교배할 때 다른 완두콩을 섞었다거나 약품 처리를 했을지 모른다는 가능성을 내놓았습니다.

원고는 쇼핑몰의 노란 완두콩 이외에 다른 완두콩을 섞었다거나 완두콩을 재배할 때 사용하는 기본적인 농약이나 거름 이외에는 어떤 것도 사용하지 않았습니다.

그런데 어떻게 노란 완두콩 사이에서 녹색 완두콩이 나올 수 있습니까? 원인을 파악할 수 없습니까?

노란 완두콩 사이에서 녹색 완두콩이 나올 수 있는 가능성 여부를 설명하기 위해 증인을 모셨으면 합니다. 생물학회의 나우성 박사님이 자리하고 계십니다.

증인 요청을 받아들이겠습니다. 증인은 증인석으로 나와 주십시오.

60대 중반이 넘은 편안한 인상을 가진 백발의 남성이 하얀 실험 가운을 입고 증인석으로 걸어왔다.

 노란 완두콩 사이에서 녹색 완두콩이 나올 수도 있습니까?

 노란 완두콩 사이에서 녹색 완두콩이 나오는 경우도 있고 나오지 않는 경우도 있습니다.

 원고가 받은 노란 완두콩 사이에서는 녹색 완두콩이 나왔습니다. 그럼 원고의 완두콩은 녹색이 나올 수 있는 완두콩이군요. 그런데 어떻게 녹색 완두콩이 나올 수 있습니까? 녹색 완두콩이 나올 수 있는지 미리 알 수 있는 방법은 없습니까?

 이것은 유전으로 설명이 가능합니다. 유전은 어버이로부터 형질을 물려받는 것으로 오스트리아의 유전학자 멘델에 의해 처음 과학적 설명이 이루어졌습니다. 생물의 형질은 한 쌍의 유전자에 의해서 나타나고 이것이 유전되는 것이지요. 물론 완두콩의 색깔도 유전됩니다.

 형질이 무엇인가요?

 일반적으로 유전자의 작용에 의해 생물의 표면에 나타나는 모양과 성질을 말합니다. 색깔, 모양, 크기 등이 형질에 속합니다. 만약 서로 반대되는 유전자가 서로 교배될 때는 둘 중 더 강한 형질 즉, 우성 형질만 나타납니다. 완두콩의 경우 노란색이 우성이고, 녹색의 형질이 열성입니다. 원고의 노란색 완두콩의 경우, 이전에 다른 녹색 완두콩에서 녹색의 열성 형질을 유전에 의해 물려받았지만 녹색인 열성 형질은 나타나지 않고 노란색의 우성 형질만 나타난 것입니다. 이를 '우열

의 법칙'이라고 합니다. 즉, 원고의 완두
콩은 모두 노란색이었지만 녹색 형질도
가지고 있었던 것이지요.

설명이 약간 어렵습니다. 쉽게 이해할
수 있는 좋은 방법이 없습니까?

유전에 대해 쉽게 설명하기 위해 한 쌍
의 유전자를 알파벳으로 나타내겠습니다. 한 쌍의 유전자에
서 우성 유전자는 대문자로, 열성 유전자는 소문자로 표현해
봅시다. 우성 형질인 순종 노란색 완두콩은 RR이고 열성 형
질인 순종 녹색 완두콩은 rr로 나타낼 수 있습니다. 처음에 노
란 완두콩과 녹색 완두콩을 교배하면 각각의 완두콩의 유전
자를 하나씩 가지게 되어 Rr인 잡종 유전자가 됩니다. 이를
잡종 제 1대 형질이라고 하며 노란색이 녹색보다 우성이므로
우열의 법칙에 의해 모든 완두콩은 우성 형질인 노란색을 띠
게 됩니다.

노란 완두콩과 녹색 완두콩이 교배하는데 노란 완두콩만 나
온다는 것이 참 신기합니다. 유전에 대한 이론들이 멘델에
의해서 나왔다고 하니 멘델은 정말 대단한 사람이군요. 그럼
잡종 제 1대 형질의 완두콩끼리 다시 교배를 하면 어떻게 됩
니까?

잡종 제 1대 형질인 잡종 유전자끼리 다시 교배하면 잡종 제

2대의 형질이 나타나는데 이때 노란 완두콩과 녹색 완두콩이 모두 나타나게 됩니다. 노란 완두콩과 녹색 완두콩은 3:1의 비율로 나타나는데 이를 '분리의 법칙'이라고 합니다. 대부분이 노란 완두콩이지만, 전체 완두콩의 $1/4$이 녹색 완두콩이 되지요. 이때 전체 완두콩의 유전자 비율은 RR : Rr : rr = 1 : 2 : 1입니다. RR은 순종 노란 완두콩, Rr은 잡종 노란 완두콩, rr은 순종 녹색 완두콩을 의미합니다.

인터넷에서 구입한 노란색 완두콩은 순종이 아니라 잡종이었군요. 멘델의 유전 법칙에 의해 잡종끼리 교배하면 열성 유전자를 가진 녹색 완두콩이 나온다는 사실을 알았습니다. 인터넷 쇼핑몰에서는 노란 완두콩 사이에서는 모두 노란 완두콩만 나온다고 허위 광고를 했습니다. 원고의 노란 완두콩에서는 유전의 법칙에 의해 녹색 완두콩이 수확된 것이므로 쇼핑몰에서는 이를 책임지고 보상해 줄 것을 요구합니다.

쇼핑몰 측에서는 상품을 판매할 때 그 상품에 대한 기본적인 특성은 알고 있어야 한다고 판단됩니다. 완두콩이 순종인지 잡종인지를 알고 잡종일 경우 $1/4$만큼 녹색 완두콩이 나올 수 있다는 것을 미리 공지했어야 합니다. 따라서 원고 측 주장에 따라 녹색 완두콩에 대한 손해 배상을 해 주어야 합니다. 이상으로 재판을 마치겠습니다.

재판이 끝난 후 쇼핑몰에서는 판결에 따라 손해 배상을 해 주었다. 또한 쇼핑몰 사이트에 '보내진 완두콩이 잡종일 수도 있기 때문에 노란 완두콩에서 녹색 완두콩이 나올 가능성이 있습니다. 죄송합니다' 라는 사과문을 올리고, 재판 후 주문받은 것은 순종과 잡종을 잘 가려서 배송했다.

완두콩 시험 문제

노란색의 둥근 완두콩과 주름진 녹색 완두콩의 교배에서도
분리의 법칙이 적용될까요?

"와, 봄비가 내린다. 이제 정말 봄이 오려나 봐."

"4월에는 눈이 내리지 않나? 아무튼 지긋지긋한 겨
울도 이로써 끝이구나."

청초여중 학생들은 창가에서 내리는 비를 보며 봄의 인사를 반
가워했다. 그런데 그런 분위기를 깨는 사람이 있었다.

"봄이 좋기는! 미친 듯이 잠만 온단 말이야. 너네는 춘곤증도
몰라?"

"야, 잠순이! 넌 봄이 아니라도 만날 자잖아. 우리 소녀들의 로망
은 손톱만큼도 모르면서."

"나는 소녀 아니냐?"

"넌 오직 잠뿐이잖아. 하하하!"

김잠순은 오늘도 친구들의 놀림을 받았다. 하지만 친구들의 놀림도 그럴듯한 것이 김잠순은 사계절 내내 수업 시간만 되면 꾸벅꾸벅 졸았고 그 탓에 성적은 늘 그다지 좋지 못했기 때문이다.

"아유, 봄에는 더 졸린데 어쩌지? 또 선생님들이 돌아가면서 날 구박하겠지?"

김잠순은 계절 중 봄이 제일 싫었다. 다른 사람들도 춘곤증 때문에 꾸벅꾸벅 조는 봄인데 유독 잠이 많은 김잠순은 오죽하랴. 그녀는 따뜻한 봄 햇살을 받으면 거의 시체 상태가 됐다. 매 수업 시간마다 선생님께 잔소리를 듣는 건 당연했다.

"다음 시간이 뭐지?"

"과학이잖아. 수면제 선생님 시간인데 범생이 넌 어떻게 한 번도 안 졸아?"

"수업이잖아. 그러니까 잘 들어야지. 넌 그만 좀 자라."

"그래, 그래야 하는데."

전교 1등인 이범생은 동그란 뿔테 안경을 고쳐 쓰고 과학책을 꺼냈다. 이범생의 짝인 김잠순도 과학책을 꺼내서 쭉 훑어보았지만 수업을 제대로 안 들은 탓에 어디를 배울 차례인지, 무슨 내용인지 앞이 깜깜하기만 하였다.

"자, 오늘부터는 유전을 공부하도록 하겠어요."

별명이 수면제인 과학 선생님은 늘 저음의 목소리로 웅얼웅얼 설명하였고 어느덧 반 아이들은 하나 둘씩 수면제에 취한 듯 꾸벅꾸벅 졸고 있었다. 그러나 선생님은 웬일인지 아무런 제재도 가하지 않았고 수업하기에만 바빴다. 결국 그렇게 과학 시간은 허무하게 끝나고 있었다.

"에헴, 여러분들의 잠이 확 달아날 만한 이야기를 하나 해 주겠어요."

눈을 반쯤 감은 학생들은 수면제 과학 선생님이 또 이상하고 허무한 이야기를 하려나 보다 싶어 별로 집중하지 않았다. 그러나 학생들의 예상은 빗나갔다.

"수학여행 일정 때문에 중간고사를 평소보다 앞당겨 치르게 되었어요. 그래서 지금 진도 나가기도 빠듯해요."

잠에 취해 몽롱해 하던 학생들은 시험 이야기가 나오자 눈이 번쩍 뜨였고 너도나도 질문을 하기 시작했다.

"갑자기 그게 무슨 말이에요? 말도 안 돼요!"

"언제 보는 거예요? 그럼 과학 시험 범위는 어디까지죠?"

"4월 말에 볼 예정이고, 시험 범위는 유전까지입니다. 어, 종이 쳤네. 자세한 내용은 담임선생님께 듣도록 해요."

과학 선생님은 교실을 나갔고 학생들은 삼삼오오 모여서 시험에 대해서 이야기했다.

"이런 경우가 어디 있니? 갑자기 2주 후에 시험을 치겠다니 시험공부는 대체 언제 하란 말이야?"

"수학여행 가는 건 좋은데 이건 좀 아니다."

"어쩜 좋아, 나 공부 하나도 안 했는데. 이제부터 공부하면 되려나?"

학생들은 각자 시험에 대한 고민으로 한숨을 내쉬었다. 그러나 김잠순처럼 걱정하는 이는 없었다.

"아악, 이러지 마. 난 아무것도 수업을 제대로 들은 게 없단 말이야!"

김잠순은 교과서를 쭉 보았지만 필기는커녕 책과 노트에는 몇몇 지렁이들이 기어가는 것 외에는 너무도 깨끗했다. 김잠순은 옆에서 공부하고 있는 이범생을 붙잡고 하소연했다.

"범생아, 내가 가르쳐 달라고는 말 안 할게. 대신 필기한 것 좀 보여 줘. 내가 글씨 빨리 쓰기로 유명하잖아. 오늘 안에 다 쓰고 줄 테니 노트 좀 빌려 줘."

"쯧쯧, 그렇게 수업 시간에 좀 깨어 있으라니까. 대신 맛있는 거 사 줘야 해."

"그래, 은인에게 뭔들 못 사 주겠어. 고마워."

김잠순은 이범생에게 받은 노트를 열심히 베껴 적었고 다 적은 후에는 천군만마를 얻은 것처럼 뿌듯했다. 그러나 아무리 이범생의 필기라도 김잠순에게 수학과 과학은 넘을 수 없는 산이었다.

"에, 우열의 법칙, 독립의 법칙, 분리의 법칙…… 이게 다 뭐야?"

김잠순은 책과 필기를 번갈아 가며 계속 뚫어져라 쳐다봤지만 도대체 멘델의 유전 법칙에 대해서는 알 수가 없었다. 그래서 김잠순은 주특기인 암기로 단순히 달달 외우기로 했다.

　학생들의 우려 속에 시간이 흘러 어느덧 중간고사가 다가왔다. 저마다 서로 오답을 이야기하며 박박 우겼고 늘 그래 왔듯 이범생의 주위로 모여 이범생에게 질문 공세를 하였다.

　"잠순아, 공부 많이 했어? 너 되게 열심히 하던데."

　"몰라, 그냥 다 외웠어. 다 외우면 되겠지 뭐."

　"하긴 수학도 교과서 문제에서 숫자만 바꿔서 낸다고 했잖아. 그런데 문제는 과학이지. 과학은 엄청 헷갈리게 낸다고 했다는데?"

　김잠순은 늘 그랬듯 시험 걱정 때문에 공부가 잘 되지 않았다. 과학 시험을 앞둔 김잠순은 다시 한 번 필기한 것을 눈으로 대충 읽어 가며 외우려고 했다.

　"우열의 법칙은 우성이 대왕이니까 우성이 나오고, 분리의 법칙은 잡종끼리 교배하면 3:1의 비율로 우성과 열성이 나온다. 그런데 독립의 법칙은 왜 이렇게 복잡해?"

　김잠순은 독립의 법칙을 보며 슬며시 짜증이 났다. 노란 둥근 완두콩과 주름진 녹색 콩의 교배에 관해서였는데 표도 복잡할뿐더러 어떤 완두콩이 나오는지 일일이 찾기도 귀찮았다. 그래서 두 완두콩이 나오면 무조건 독립의 법칙을 찍어야겠다고 생각했다.

　이윽고 과학 시험 시간이 되었다. 교실은 시험지 넘기는 소리와

연필로 종이에 적는 소리만으로 가득 찼다. 김잠순은 자신의 암기 실력을 믿으며 어려운 과학 문제 세계를 헤쳐 나가고 있었다.

'아, 어렵다. 그나마 대충 외웠는데 그게 나와서 다행이네. 그런데 이건 뭐지?'

김잠순은 마지막 문제를 보고 정신이 멍해졌다. 분명 노란 둥근 완두콩과 주름진 녹색 콩의 교배에 관한 것이었는데 맞는 답이 아닌 틀린 답을 고르라는 문제였던 것이었다.

'악, 어쩌지? 난 이거 독립의 법칙이라는 것밖에는 모르는데. 일단 그 표대로 그려 봐야 하나? 아유, 귀찮아.'

김잠순은 대충 기억을 더듬어 가며 유전자형 표를 그렸고 필기에서 봤던 것과 얼추 비슷하게 나온 것 같았다. 이제 유전자를 보고 표현형을 적어 보니 비율이 노란 둥근 : 노란 주름 : 초록 둥근 : 초록 주름 = 9 : 3 : 3 : 1로 나왔다.

'오, 대충 맞는 것 같아. 이제 쭉 살펴볼까? 흠, 독립의 법칙은 당연히 맞고, 9 : 3 : 3 : 1로 나오는 것도 맞고, 대충 보니 우열의 법칙이 성립하기도 하네. 그런데 웬 분리의 법칙?'

김잠순을 혼란에 빠뜨린 문항은 '위의 교배에서 분리의 법칙이 성립한다'였다. 김잠순이 알고 있는 분리의 법칙은 우성과 열성이 3 : 1로 되는 것인데 아무리 다시 그리고 세어 보아도 3:1이라는 비율이 나오지 않았다.

'그럼 이게 답이네. 후훗, 이번 시험은 성공적이겠는걸?'

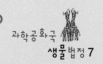

김잠순은 이번 과학 성적은 잘 받을 수 있을 거라는 자신감에 찼다.

과학 시험이 끝난 후, 시험 답안지가 교실에 도착했다. 학생들이 정답을 확인하자 교실 안은 탄성과 환호성이 교차했다. 김잠순은 비 내리는 시험지를 보면서 마음을 쓸어내렸다.

"그래도 나에겐 과학 시험지가 있어."

김잠순은 과학 시험의 정답을 맞히기 시작했다. 생각보다 정답 개수가 많아지자 김잠순은 흥분하기 시작했다. 그런데 문제의 노란 둥근 완두콩과 녹색 주름 완두콩 교배 문제가 오답인 것이었다.

"말도 안 돼! 내가 다 세어 봤는데. 범생아, 이거 잘못된 거 아냐?"

"응? 답 맞는데?"

"아니야, 내가 분명 다 세어 봤다니까! 이럴 게 아니라 선생님께 확인해 봐야겠다."

김잠순은 시험지를 들고 교무실로 찾아갔다. 선생님은 김잠순의 질문을 듣고는 어이가 없다는 듯 이야기했다.

"난 분명 수업 시간에 이야기해 줬는데 이런 문제를 틀리니? 잘 생각해 봐."

선생님은 별 설명 없이 김잠순을 돌려보냈고 김잠순은 도저히 납득이 안 돼 생물법정에 의뢰했다.

형질들이 유전될 때에는 서로 간섭하지 않고 다른 형질에 영향을 미치지 않는 것을 '독립의 법칙'이라고 합니다.

독립의 법칙은 무엇일까요?
생물법정에서 알아봅시다.

재판을 시작하겠습니다. 유전 법칙에 대한 사건이군요. 유전에 관련된 많은 법칙들이 있는데요 생치 변호사 변론하십시오.

김잠순 학생은 과학 문제에 대해 의문점을 가지고 있습니다. 유전 법칙을 찾는 문제에서 분리의 법칙이 정답이라고 주장하는데 과학 선생님은 답이 틀렸다고 하는군요. 그런데 제가 보았을 때도 김잠순 학생의 답이 옳다고 판단됩니다.

과학 선생님이 말씀하신 답이 틀렸다는 겁니까?

과학 선생님의 답이 무조건 옳다고 할 수 없는 것 아닌가요?

그렇군요. 무조건 옳다고 볼 수 없지요. 그렇다면 김잠순 학생의 답이 정답이라고 생각하는 이유는 무엇입니까?

과학 문제의 내용은 노란 둥근 : 노란 주름 : 초록 둥근 : 초록 주름 = 9 : 3 : 3 : 1입니다. 우열의 법칙이나 독립의 법칙은 옳지만 우성과 열성이 3:1로 나와야 하는 분리의 법칙은 성립되지 않기 때문에 틀렸다고 판단됩니다. 분리의 법칙은 틀린 것이므로 오답을 찾는 문제의 답이 됩니다. 따라서 분리의 법칙이 성립된다고 하시는 과학 선생님의 말씀을 받아들이기 힘듭니다.

생치 변호사는 우열의 법칙과 독립의 법칙에 대해 알고 있습니까?

우열의 법칙은 한 형질이 다른 형질보다 나타나려는 성향이 강해서 다음 세대에 열성인 형질을 누르고 표현되는 것을 말합니다. 독립의 법칙은 저도 아직 이해하지 못해서 설명 드리기 힘들군요. 에구구…….

독립의 법칙을 모르면서 유전에 대해 설명하신다면 좀 곤란하군요. 생치 변호사는 분리의 법칙이 옳지 않다고 했는데 과학 선생님께서 분리의 법칙이 성립한다고 말씀하시는 이유가 무엇일까요? 비오 변호사의 변론을 들어 보겠습니다.

과학 선생님의 말씀은 틀리지 않았습니다. 우열의 법칙, 분리의 법칙, 독립의 법칙이 모두 성립합니다.

이 과학 문제에서 분리의 법칙이 성립한다는 말씀인가요?

물론입니다. 노란 둥근 : 노란 주름 : 초록 둥근 : 초록 주름 = 9 : 3 : 3: 1에서 생치 변호사의 말씀처럼 분리의 법칙이 성립하려면 우성과 열성이 3:1의 비율로 나와야 합니다. 생치 변호사는 분리의 법칙이 성립되지 않는다고 하셨는데 그건 단순히 생각해서 그렇습니다. 생치 변호사의 말처럼 하나의 대립된 형질에 대해 교배했을 때, 2대의 형질 비율이 3:1이 나오는 것을 쉽게 알 수 있지만 이번 문제처럼 완두콩의 교배

에서 색깔과 모양의 두 가지 형질이 유전될 때에는 단순히 3:1로 나타나지는 않습니다.

그럼 분리의 법칙이 성립하는지 어떻게 알 수 있습니까? 그리고 독립의 법칙도 성립한다고 하셨는데 이에 대해서도 설명해 주십시오.

모든 유전이 대부분 우열의 법칙과 분리의 법칙을 따르는 것과 마찬가지로 이 경우도 우열의 법칙과 분리의 법칙이 모두 성립합니다. 한 가지 더 생각해야 할 점은 한 가지 형질이 아니라 두 가지 형질들이 모두 유전되며 유전될 때에는 서로 간섭하지 않고 다른 형질에 영향을 미치지 않는다는 것입니다. 이를 독립의 법칙이라고 하는데 전체적으로 봤을 때 9 : 3 : 3 : 1이지만 독립의 법칙을 고려하여 색깔과 모양의 유전을 따로 살펴보면 쉽게 이해가 될 것입니다.

색깔과 모양을 나누어서 보라는 말씀이군요.

네, 맞습니다. 노란색과 녹색의 비율만 따지면 3:1 또, 둥근 것과 주름진 것을 비교했을 때도 3:1로 나타난다는 사실을 알 수 있습니다. 따라서 색깔과 모양의 형질도 분리의 법칙이 성립하는 것을 알 수 있습니다.

독립의 법칙을 안다면 분리의 법칙을 파악하기가 훨씬 쉽군요.

김잠순 학생은 독립의 법칙이 어려워 무조건 옳다고 판단했기 때문에 독립의 법칙에 대해 제대로 알지 못하고 분리의 법칙을 판단하려 했습니다. 따라서 유전의 법칙에 대한 문제를 제대로 이해할 수 없었습니다. 무슨 문제든지 확실히 알아야 정확한 결론을 얻을 수 있습니다. 색깔과 모양의 두 가지 형질을 모두 유전시킬 때는 우열의 법칙, 분리의 법칙, 독립의 법칙이 모두 성립한다는 것을 알 수 있었습니다.

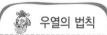 비오 변호사의 변론으로 문제가 해결되었습니다. 노란 둥근 : 노란 주름 : 초록 둥근 : 초록 주름 = 9 : 3 : 3 : 1에서 우열의 법칙, 독립의 법칙, 분리의 법칙 모두가 성립하며 특히 분리의 법칙이 성립하는지는 독립의 법칙에 의해 색깔과 모양의 두 형질을 나누어서 본다면 쉽게 이해할 수 있다는 것도 중요한 결론이군요. 김잠순 학생은 유전의 법칙에 대해 정확하게 알려면 처음부터 차근차근 다시 공부해야겠군요. 그리고 수업 시간에는 잠을 줄여 보는 것이 어떨까 합니다. 이상으로 재판을 마치도록 하겠습니다.

우열의 법칙

우열의 법칙은 우성과 열성의 유전자가 섞여 있을 때, 우성의 형질만이 나타난다고 하는 멘델의 법칙 중 하나이다. 예를 들면, 키가 큰 완두와 키가 작은 완두를 교배시켰을 때 키가 큰 형질, 즉 우성인 것만 나타나고, 열성인 키가 작은 완두는 한 포기도 생겨나지 않는다는 학설이다.

　재판이 끝난 후 제대로 알지 못한 자신의 잘못을 반성한 김잠순
은 유전의 법칙에 대해 열심히 공부했다. 공부를 하던 중 공부에
재미를 느낀 김잠순은 수업 시간마다 초롱초롱한 눈으로 열심히
수업을 들었고, 그다음 시험에서는 전교 1등의 영예를 안았다.

분꽃은 멘델의 유전 법칙을 안 따르나요?

분홍 분꽃과 불완전 우성은 어떤 관계일까요?

"아빠, 다음 주 일요일에 회사 안 가시죠?"

"그럼, 휴일인데. 왜? 우리 영재 뭐 하고 싶은 거 있니?"

"네! 과학 박람회 가고 싶어요. 거기서 유명한 생물학 교수님이 강의하신데요."

"알았다, 가 보자꾸나."

초등학교 6학년인 허영재는 생물에 푹 빠져 사는 아이였다. 그래서 방 가득히 생물에 관한 책을 쌓아 놓았고 생물에 관한 전시나 강의는 빼놓지 않고 참가했다. 부모님도 이런 영재를 기특해 했고,

영재가 하고 싶은 것을 할 수 있도록 열심히 도와주었다.

"영재야, 화단에 물 주고 오렴, 식물들이 목말라 하잖니."

엄마의 말씀에 영재는 책을 읽다 말고 집 마당의 화단으로 향했다. 영재는 자신이 아끼는 책 중 하나인 식물 교본에 나오는 식물들 중 주변에서 쉽게 구할 수 있는 식물들을 키우고 있었다.

"음, 분꽃 꽃망울이 졌네. 곧 피겠다! 빨간색과 하얀색이라, 정말 예쁠 거야."

영재는 쑥쑥 자라 이제 꽃망울을 터뜨리려는 분꽃을 보면서 왠지 모를 뿌듯함이 느껴졌다.

"분꽃아, 물 많이 먹고 예쁘게 꽃을 피워야 해."

"영재야, 저녁 먹으렴."

"엄마, 잠시만요. 물 좀 더 주고요."

"아유, 그렇게 많이 주면 어떡하니? 전부 물에 퐁당 빠져 죽겠네."

"아니에요. 물을 듬뿍 줘야지요. 에이, 엄마는 그것도 몰라요?"

영재는 입을 삐죽거리며 엄마의 말씀에 아랑곳하지 않고 열심히 화단에 물을 주었다. 저녁을 먹은 뒤, 영재는 달력에 박람회 갈 날짜에 빨간색 색연필로 동그라미를 크게 그려 놓았다. 그리고 날마다 지난 날짜는 달력에 가위 표시를 했다. 가위 표시가 동그라미에 가까워질수록 영재의 기대감은 더욱 커져만 갔다.

어느덧 박람회에 가는 날이 되었다. 아침 일찍 일어난 영재는 들뜬 마음에 호들갑을 떨며 부모님을 재촉했다.

"아빠, 빨리요. 엄마는 왜 이렇게 느려요? 늦게 가면 좋은 자리에 못 앉는단 말이에요."

"알았어, 애는 꼭두새벽부터 난리니?"

영재는 발을 동동 굴렀다. 유명한 생물학 교수의 강의를 잘 들으려면 앞자리에 앉아야 하는데 이렇게 하다가는 구석 자리에도 못 앉을 것만 같았기 때문이다.

"휴, 이 정도면 잘 보이겠지? 영재야, 만족하니?"

"네! 이래서 제가 빨리 오자고 했잖아요."

영재네 식구는 일찍 온 덕에 꽤 괜찮은 곳에 앉을 수 있었다. 얼마 후 강연장에는 강연을 들으려는 사람들로 가득 찼고 곧이어 강연자인 이승호 교수가 무대로 나와 강연을 시작하였다.

"에, 미래 과학 꿈나무 친구들, 안녕하세요? 저는 생물학을 연구하고 있는 이승호라고 합니다. 특히 유전학이라는 학문을 연구하고 있지요. 여러분, 여러분은 왜 부모님을 닮았을까요? 오늘 제가 강연할 내용은 유전이라는 것입니다."

강연장은 조용해졌고 이승호 교수는 차근차근 유전에 대하여 설명했다. 강연의 전반적인 내용은 초등학생이 이해하기 쉽도록 풀어서 설명하는 멘델의 유전 법칙이었다.

"오늘 강연했던 내용을 집에서 엄마 아빠와 함께 실험해 보는 것도 재밌을 겁니다. 끝까지 강연을 들어 준 우리 친구들에게 정말 고맙습니다."

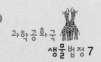

영재는 멘델의 유전 법칙 강연에 큰 감명을 받았다. 그래서 꼭 실험해 보리라 결심하고 집에 와서 완두콩부터 찾았다.

"엄마, 노란색 완두콩이랑 녹색 완두콩 있어요?"

"그런 게 어디 있니? 요즘 나오는 완두콩은 전부 녹색이야."

"힝, 그럼 쭈글쭈글한 완두콩은?"

"그것도 구하기 힘들어. 누가 노란색과 쭈글쭈글한 완두콩을 먹겠니? 하긴 노란색 완두콩이 나오면 특이하긴 하겠다."

영재는 시무룩해져서 강연 때 받은 프린트를 뒤적거렸다. 그러던 중 빨간 꽃과 흰 꽃으로 교배하는 멘델의 유전 법칙에 대한 설명을 발견했다.

"어? 빨간 꽃과 흰 꽃? 우리 집에 분꽃이 있는데. 오, 예! 그런데 실험은 어떻게 하지?"

영재는 프린트를 유심히 보고 나름대로 계획을 짰다. 우선 빨간 꽃과 흰 꽃을 수정한 후 씨를 받아 그것을 심어서 키운다는 것이었다. 빨간색이 우성이라고 생각한 영재는 그 씨앗을 키우면 빨간 꽃들이 나오고, 이 꽃끼리 수정해 나온 씨를 심으면 빨간 꽃이 세 송이, 하얀 꽃이 한 송이가 나올 것이라고 생각했다.

영재는 계획대로 먼저 수정할 꽃들을 화분에 옮겨 심은 뒤 두 가지의 꽃을 수정하고 화분을 화단에서 멀리 두었다. 시간이 지나 분꽃은 씨앗을 맺었고 그것을 다시 화분에 심었다. 며칠 후 싹이 튼 걸 본 영재는 온 마당을 뛰어다녔다.

"와, 싹이 텄다! 이제 곧 빨간 꽃이 나올 거야."

분꽃은 쑥쑥 자라 어느덧 꽃을 피울 때가 되었다. 그러나 영재의 예상과는 달리 분홍색의 꽃이 나왔다.

"내 눈이 이상한가? 엄마, 이 꽃 무슨 색으로 보여요?"

"분홍색이지."

"이상하다, 빨간색 아니에요?"

"아니야, 분명 분홍색인데?"

빨간 꽃과 비교해 봤지만 분명 분홍색 꽃이었다.

"이상하네. 그래도 계획대로 계속 실험해 보지 뭐."

영재는 영 석연치 않았으나 분홍색 꽃끼리 수정하여 씨를 얻은 뒤 다시 화분에 심었다. 그런데 그 씨앗이 자라 꽃을 피우자 분홍색 꽃이 나온 것보다 더 이상한 현상이 벌어졌다.

"어? 이번에는 빨간 꽃이 하나, 분홍 꽃이 둘, 흰 꽃이 하나? 이게 뭐야?"

분명 멘델의 유전 법칙대로라면 빨간 꽃이 셋, 흰 꽃이 하나 나와야 하는데 영재는 도저히 이해가 되지 않았다.

"아빠! 이상해요. 이거 왜 이런 거죠?"

"글쎄다, 네가 실험을 잘못한 것이 아닐까?"

"아니에요, 분명 계획대로 잘했단 말이에요!"

"흠흠, 잘 모르겠구나. 책을 찾아보지 그러니?"

아버지는 과학을 잘 모르는 탓에 왜 이런 현상이 일어났는지 잘 몰랐고 어머니도 마찬가지였다. 결국 영재는 집에 있는 생물 책을 다 뒤져 봤지만 이 현상에 대해 설명해 주는 책은 없었다.

"왜 그렇지? 계획대로 잘했는데. 누가 바꿔 놨나? 이럴 리가 없는데."

영재는 아무리 생각해도 알 수 없었다. 그러던 어느 날 영재는 며칠을 고민한 끝에 무릎을 탁 치며 결론을 내렸다.

"이건 분명 멘델의 유전 법칙이 잘못된 거야. 그렇지 않고선 이런 결과가 나올 수 없잖아?"

영재는 생물법정에 멘델의 유전 법칙이 잘못된 것이 아니냐고 의뢰하였다.

분꽃의 유전은 멘델의 유전 법칙에 위배되는 특이한 예이며, 이것만으로 멘델의 유전 법칙이 틀렸다고 말할 수는 없습니다.

빨간 분꽃과 하얀 분꽃 사이에 왜 분홍 분꽃이 나온 것일까요?
생물법정에서 알아봅시다.

재판을 시작하겠습니다. 분꽃의 교배 결과 멘델의 유전 법칙에 맞지 않는다고 합니다. 멘델의 유전 법칙이 특수한 경우에만 성립하고 일반적이지 못한 걸까요? 원고 측 변론을 들어 보겠습니다.

학교 수업이나 교과서에서 멘델의 유전 법칙을 많이 접했기 때문에 멘델의 유전 법칙은 당연히 모두 옳다고 생각되어 왔습니다. 하지만 원고가 분꽃을 이용해 실험한 결과 멘델의 유전 법칙이 틀렸다는 증거가 발견되었습니다.

원고가 직접 실험한 결과라고 하니 신뢰성은 있지만 혹시 실험하는 동안 다른 약품이나 환경에 의해 영향을 받은 것은 아닐까요?

그렇지 않습니다. 원고는 계획대로 실험을 했으며 다른 약품을 사용하지 않았습니다. 게다가 잡종 제 2세대의 꽃은 더욱 신기하게 빨간 분꽃, 분홍 분꽃, 흰 분꽃이 모두 나타났습니다.

원고의 실험을 정확히 정리해서 설명해 주십시오. 그리고 잡종 제 2세대 때 빨간 분꽃, 분홍 분꽃, 흰 분꽃의 비율이 각각 얼마로 나왔습니까?

처음에 빨간 분꽃 하나와 흰 분꽃 하나를 교배시켰더니 잡종 제 1세대에 분홍 분꽃이 나타났고, 분홍 분꽃끼리 교배를 시킨 잡종 2세대에는 빨간 분꽃 한 개, 분홍 분꽃 두 개, 흰 분꽃 한 개가 나왔습니다. 멘델의 유전 법칙에 따르면 잡종 제 1세대에는 빨간 분꽃만 나와야 하고 잡종 제 2세대 때는 빨간 분꽃과 흰 분꽃이 나와야 하는데 너무 다른 결과가 나왔습니다. 이것은 분명 멘델의 유전 법칙에 어긋난 경우입니다. 멘델의 유전 법칙은 더 이상 인정할 수 없습니다. 따라서 학교나 책에서 멘델의 유전 법칙은 언급하면 안 된다고 주장하는 바입니다.

하지만 이번 실험 하나만으로 멘델의 유전 법칙이 잘못된 법칙이라고 속단하기는 이릅니다. 분꽃은 멘델의 유전 법칙이 왜 성립하지 않는지 피고 측 변론을 들어 보겠습니다.

멘델의 유전 법칙을 학교에서 배우거나 책에서 언급하는 이유는 그만큼 인정받은 법칙이기 때문입니다. 분꽃의 경우만으로 멘델의 유전 법칙이 틀렸다고 말하는 것은 성급한 판단입니다. 분꽃의 경우 멘델의 유전 법칙과 어떤 관계가 있는지 알아보기 위해 유전 공학을 전공하신 유전자 박사님을 증인으로 요청합니다.

증인 요청을 받아들이겠습니다.

날카로운 눈매의 검은 뿔테 안경을 쓴 50대 초반의 남성
이 깔끔한 정장 차림으로 증인석에 들어섰다.

 분꽃의 유전은 멘델의 유전 법칙에 따라 유전되지 않는 것이
맞습니까?

유전자는 멘델의 유전 법칙에서와 마찬가지로 빨간 분꽃과
흰 분꽃에서 하나씩 받지만 원고 측 변론대로 분꽃은 멘델의
유전 법칙에 따라 형질이 나타나지는 않습니다. 하지만 분꽃
의 유전은 멘델의 유전 법칙에 위배되는 특이한 경우이며, 이
것만으로 멘델의 유전 법칙 자체가 틀린 법칙이라고 말할 수
는 없습니다. 특수한 예 하나로 법칙 자체를 부인하는 것은
확대 해석입니다. 멘델의 유전 법칙이 잘못되었다기보다는
분꽃의 경우가 멘델의 유전 법칙에 위배되는 예외적인 경우
라고 말하는 것이 옳습니다.

 분꽃의 유전은 멘델의 유전 법칙과 어떻게 다릅니까?

 빨간 분꽃의 유전자를 RR, 흰 분꽃을 rr이라고 할 때 두 꽃을
교배해서 얻는 분꽃은 Rr 유전자를 가지게 됩니다. 빨간 분꽃
과 흰 분꽃 사이에 우열 관계가 분명하다면 붉은 꽃 또는 흰
꽃이 나와야 하지만 실제로는 분홍 분꽃이 나타나는데, 이는
빨간색과 흰색의 우열 관계가 불완전하기 때문입니다. 그리
고 분홍 분꽃끼리 교배한다면, 멘델의 분리 법칙에 의해 붉은

분꽃과 흰 분꽃이 3:1의 비율로 얻어져야
합니다. 하지만 실제로는 붉은 분꽃:분홍
분꽃:흰 분꽃 = 1:2:1의 비율로 나타납니
다. 이것 또한 우열 관계가 불완전하기 때
문에 나타나는 현상이며 이러한 유전 현상
을 중간 유전 또는 불완전 우성이라고 합
니다.

분꽃의 경우처럼 멘델의 유전 법칙으로 설명이 불가능한 경
우가 있는데 그렇다면 멘델의 유전 법칙이 틀린 것입니까?

분꽃처럼 특수한 한두 경우 때문에 멘델의 유전 법칙을 틀렸
다고 말할 수는 없습니다. 멘델의 기본적인 유전 법칙에 어긋
나는 몇몇의 특수한 경우를 제외하고 대부분 멘델의 유전 법
칙에 따라 유전하기 때문에 멘델의 유전 법칙이 옳지 않다고
말할 수는 없습니다.

멘델의 유전 법칙으로 설명할 수 없는 분꽃의 중간 유전은 아
주 특수한 경우라는 것을 알 수 있었습니다. 대부분의 유전은
멘델의 유전 법칙으로 설명이 가능하며, 때문에 멘델의 유전
법칙은 계속 인정돼야 하는 대단한 법칙입니다.

멘델의 유전 법칙이 어떤 경우에나 적용될 줄 알았는데 중간
유전과 같은 예외의 경우도 있다고 하니 재미있군요. 대부분
은 멘델의 유전 법칙으로 설명이 가능하므로 멘델의 법칙이

틀렸다는 것은 섣부른 판단이라고 생각됩니다. 분꽃처럼 멘델의 유전 법칙에 어긋나는 경우를 제외하고는 여전히 멘델의 유전 법칙은 우리에게 유용한 정보를 주는 법칙인 것이 확실합니다. 이상으로 재판을 마치겠습니다.

재판이 끝난 후, 유명한 법칙에도 예외가 있다는 것을 알게 된 영재는 자신이 그것을 스스로 발견했다는 뿌듯함에 또 다른 법칙의 예외를 찾기 위해 생물 공부를 열심히 했다. 그런 영재의 모습을 본 영재의 아버지는 위대한 과학자가 탄생할지도 모른다며 굉장히 대견해 했다.

난 탐정으로 덩과, 주기자 B, E 좀 놔!
다 생각이오 탄가 우렁앙하나 초콜릿색
리트리버가 나올 수 있는 거잖아!

초콜릿 색 리트리버는
왜 희귀하죠?

고미 아빠가 산 리트리버는 왜 유독 비싼 걸까요?

유치원생인 최고미는 자기 주변으로 지나가는 모든 개를 가만두지 않을 만큼 열혈 개 마니아였다.

유치원에서는 원장이 키우는 개와 놀기 바빴고 집으로 돌아오면 동네 개들과 노느라 정신없이 하루를 보냈다. 그러나 정작 최고미의 집에서는 개를 키우지 않았다.

"엄마, 우리도 멍멍이 키워요."

"안 돼. 엄마가 안 된다고 몇 번을 얘기했니?"

"엄마 미워!"

최고미는 개를 키우는 것을 반대하는 엄마가 야속하기만 했다.

최고미는 동네의 모든 개들과 친했지만 강아지들은 주인이 나타나면 자기를 놔두고 주인을 따라가 버렸고, 최고미는 그런 개들의 뒷모습만 하염없이 바라보는 것을 그만두고 싶었다.

"나에게도 멍멍이가 있었으면 좋겠다."

최고미는 방 안 가득 붙여 놓은 개 사진을 보고 망상에 빠지곤 했다. 그러다 애완동물 관련 프로그램을 할 때가 되면 자동적으로 텔레비전 앞에 앉아 하나도 빼놓지 않고 시청했다.

"고미야, 그렇게 가까이서 보면 눈 나빠져요. 얼른 뒤로 와."

"헤헤, 멍멍이 귀엽다. 엄마, 저거 봐요. 저 집은 마당도 없는데 개를 10마리나 키운데. 그런데 우리 집은 마당도 있는데 왜 한 마리도 못 키워요?"

"또 그 개 타령."

"엄마, 조금 있으면 내 생일인데 한 마리 사 줘요."

"그만 좀 하렴. 정 키우고 싶으면 아빠한테 가서 한 마리 사 달라고 그래."

"치, 아빠는 늘 밤늦게 들어오시는데 언제 물어봐요?"

"나는 모르겠다."

엄마는 부엌으로 쏙 들어가 버리셨고 최고미는 입이 삐쭉 나왔다. 그런데 기적이 일어났다.

"아빠 왔다."

"아빠!"

최고미는 구세주라도 만난 것처럼 기뻐하면서 재빨리 아빠에게 달라붙어 애원하는 눈길로 애교 공세를 펼쳤다.

"아빠, 제가 얼마나 보고 싶었는데요."

"아이고, 우리 공주님 아빠를 오랜만에 봐서 그렇구나? 아빠도 우리 공주님 얼마나 보고 싶었다고."

"아빠, 내가 해 달라는 거 다 해 줄 거죠? 곧 있으면 내 생일인데……."

"그럼, 그럼. 우리 공주님이 원하는 거 다 들어주지."

최고미는 엄마를 향해 회심의 미소를 지은 뒤 다시 생글생글 웃으며 아빠에게 최대한 애교 있는 말투로 이야기했다.

"아빠, 그럼 나 멍멍이 한 마리만 사 줘요."

아빠는 엄마의 눈치를 살폈다. 엄마는 당연히 안 된다는 표정이었고 아빠는 매우 곤란해 했다.

"흠흠, 고미야. 그런 건 엄마한테 가서 물어봐야지."

"아니에요! 엄마가 분명 아빠가 허락해 주면 사 주신다고 했단 말이에요. 그렇죠, 엄마?"

최고미는 막무가내였다. 엄마도 상황이 이렇게 되니 어쩔 수 없었고 마지못해 허락하게 되었다.

"알았어, 우리 공주님은 어떤 강아지를 원해?"

"리트리버!"

"리트리버?"

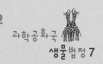

"응! 난 큰 멍멍이가 좋아요. 조그마한 강아지가 커다랗게 크면 타고 다녀야지. 헤헤."

최고미는 그날부터 개가 오기만을 기다렸다. 하지만 고미 아빠는 워낙 바빠서 직접 애견 집에 가서 강아지를 고를 시간이 없었고 고미의 생일날이 돼서야 겨우 애견 집에서 강아지를 고르게 되었다.

"어서 오세요, 손님. 어떤 종류를 원하시죠?"

"네, 리트리버를 찾는데요."

"리트리버요? 마침 좋은 품종이 들어왔는데 리트리버 중에서도 가장 희귀한 종이죠."

애견 집 주인이 보여 준 리트리버는 옅은 검은색 털에 까만 눈동자를 가진 멍멍이였다.

"흠, 괜찮네요. 얼마죠?"

"40만 원입니다."

"네? 왜 그렇게 비싸죠?"

"보통 리트리버는 20만 원 정도인데 이 종은 특히 조금 더 비싸죠."

그 후 주인의 장황한 설명이 이어졌고 고미 아빠는 결국 40만 원이라는 거금을 주고 리트리버를 샀다.

"넌 복 받은 녀석이야. 우리 고미가 널 엄청나게 예뻐해 줄 거야. 어서 가자."

고미 아빠는 신이 나서 리트리버를 데리고 가벼운 발걸음으로 집으로 향했다. 그런데 우연히 건너편에 있는 애견 집의 광고 문구를 보고 깜짝 놀랐다.

리트리버 판매합니다. 한 마리당 20만 원!

"아니 뭐야? 반값이잖아? 이건 어떤 종류지?"

고미 아빠는 궁금한 마음에 애견 집에 들어갔고 20만 원에 판다는 리트리버를 본 순간 분노가 치솟았다.

"이것도 털이 까만 리트리버인데 왜 20만 원밖에 안 하는 거지? 내가 사기를 당한 건가?"

고미 아빠는 그 길로 당장 리트리버를 샀던 애견 집으로 향했다. 애견 집 주인은 돌아온 고미 아빠를 보고 의아한 표정으로 맞이했다.

"손님, 뭐 놔두고 가신 거라도 있으세요?"

"저기요, 이 강아지 왜 이렇게 비싸게 파시는 거죠?"

"아까 말씀 드렸잖아요. 희귀종이라고."

"희귀종은 무슨! 건너편 애견 집은 똑같이 까만색 리트리버를 20만 원에 팔더구먼."

"그럴 리가요. 잠시만요."

애견 집 주인은 급히 전화를 걸었고 웃으면서 전화를 끊었다.

"손님, 손님이 보신 가게에서 파는 리트리버는 이 종이랑 달라요."

"다르기는요. 똑같이 까만색이던데."

"잘 모르셔서 그렇지, 이건 다른 종이에요. 전 정확한 가격에 판

과학공화국
생물법정 7

거예요."

이대로 물러설 고미 아빠가 아니었다. 고미 아빠는 뭐가 다른 종이고, 더 희귀한 건지 설명해 보라며 따졌고 애견 집 주인은 차근차근 설명하다 말이 안 통하자 언성이 높아졌다.

"아니, 다르다면 다른 거지 왜 자꾸 그걸 따지세요? 눈이 있으면 똑바로 보시라고요. 아마 밑에서 파는 리트리버는 이걸 텐데."

애견 집 주인은 씩씩거리며 까만색 리트리버를 데려왔고 고미 아빠는 자신이 산 리트리버가 조금 더 옅은 까만색이라는 것과 눈 색깔이 다르다는 것 외에는 차이점을 발견하지 못했다.

"같은 리트리버 종인데 희귀하고 말고가 어디 있습니까? 당장 20만 원 주세요."

"절대 못 줘요. 전 정가로 팔았다니까요."

"정말 말이 안 통하네. 이봐요, 아무리 내가 개의 품종을 잘 모른다지만 조금 다르게 생겼을 뿐 결국 같은 리트리버 아닙니까? 이렇게 소비자를 우롱해도 되는 겁니까?"

"답답한 건 오히려 제 쪽이에요. 몰라요. 전 정말 정직하게 판 거니까 당장 나가세요. 억울하면 다른 사람에게 40만 원에 파시든지요."

애견 집 주인은 고미 아빠를 쫓아냈고 고미 아빠는 바가지 쓴 것도 억울한데 이런 대접까지 받으며 쫓겨난 것이 괘씸해 애견 집 주인을 생물법정에 고소하였다.

대립 형질이 아닌 둘 다 우성 형질일 때 한쪽의 힘이 강해서
다른 쪽의 표현을 억누르며 유전되는 것을 '상위 유전'이라고 합니다.

초콜릿 색 리트리버는 왜 희귀할까요?
생물법정에서 알아봅시다.

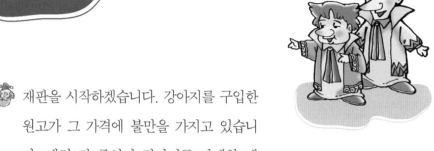

재판을 시작하겠습니다. 강아지를 구입한
원고가 그 가격에 불만을 가지고 있습니
다. 애견 집 주인이 강아지를 판매할 때
바가지를 씌운 것인지 원고 측 변론하십시오.

얼마 전 원고는 딸이 좋아하는 개를 사기 위해 애견 집에 갔
습니다. 애견 집 주인은 원고에게 리트리버를 보여 주었고 원
고는 주인에게 40만 원을 지불했습니다. 하지만 나중에 알고
보니 다른 애견 집에서는 같은 종의 리트리버를 20만 원에 판
매하고 있었습니다. 다른 애견 집의 리트리버와 비교했을 때
털 색이 약간 옅은 것 외에는 별다를 것이 없는데 가격이 배
로 차이 나는 이유를 알 수 없었습니다. 그래서 지불한 돈의
절반을 환불해 줄 것을 요구했지만 애견 집 주인은 종이 다른
개라며 환불해 줄 수 없다고 합니다.

같은 리트리버도 종이 다르면 가격이 다를 수 있지 않을까요?

물론 종이 다르다고 인정되면 이해하겠습니다. 하지만 원고
가 구입한 리트리버와 일반 리트리버는 거의 비슷했습니다.
아까도 말씀드렸지만 보통의 리트리버보다 개의 털 색깔이

조금 더 옅은 것 이외에는 다른 종이라고 인정할 만한 특징이 없습니다.

일반 리트리버와 구분되는 것이 약간 다른 털의 색이라면 털의 색을 나타내는 유전에 특이성을 가진 것이 아닐까요? 피고 측 변론을 들어 봅시다.

원고가 구입한 리트리버는 분명 다른 종과 구별됩니다. 바가지를 써서 금액을 비싸게 지불한 것이 아니라 비싼 만큼 가치가 있는 것이지요.

보통의 리트리버와 어떤 점이 다른가요?

판사님 말씀처럼 털의 색에 특이성을 가집니다. 원고가 구입한 초콜릿 색을 띠는 리트리버는 희귀종이라고 할 수 있습니다. 리트리버의 유전에 의한 털 색깔에 대해 말씀해 주실 증인을 모셨습니다. 증인은 과학공화국 유전연구소의 나상위 박사님이십니다.

증인 요청을 인정합니다.

정장 차림에 반짝이는 구두를 신은 50대 중반의 남성이 은 목걸이를 한 리트리버 강아지를 품에 안고 증인석에 앉았다.

리트리버의 털 색깔이 유전에 의해 결정됩니까?

네, 다른 형질들이 유전에 의해 결정되듯이 털 색깔도 유전에

의해 결정됩니다.

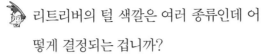 리트리버의 털 색깔은 여러 종류인데 어떻게 결정되는 겁니까?

종

공통적인 특징을 가지며, 상호 교배가 가능한 관계에 있는 생물들로 구성된 생물학적 분류 단위를 종이라고 한다. 종은 생물 분류의 기본 단위로서 일반적으로 생물의 종류를 뜻하기도 한다.

리트리버의 털 색은 보통 갈색, 크림색, 검은색 등을 가지며 이것은 B, E 두 가지 유전자에 의해 결정이 됩니다. 제가 이 두 유전자를 서로 다른 알파벳으로 나타낸 것은 대립 유전자가 아니기 때문입니다. 원고가 구입한 리트리버가 다른 개의 색과 다른 이유는 일반적인 유전이 아니기 때문입니다.

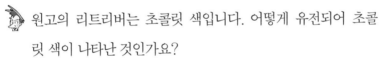 원고의 리트리버는 초콜릿 색입니다. 어떻게 유전되어 초콜릿 색이 나타난 것인가요?

대립이 아닌 유전자 B, E 둘 다 우성 형질이지만 이중 한쪽의 힘이 강해서 다른 쪽의 표현을 억누르며 유전되는 것을 상위 유전이라고 하는데 리트리버의 경우 유전자 b가 둘 다 열성이고 E만 우성일 경우 즉, bbEE, bbEe일 때는 초콜릿 색 리트리버가 나옵니다.

초콜릿 색 리트리버가 비싼 이유는 무엇입니까?

상위 유전으로 초콜릿 색 리트리버가 나올 경우가 확률적으로 가장 적기 때문입니다.

희소성의 원리에 의해 비싸지는 거군요. 초콜릿 색 리트리버

를 가진 사람은 세계적으로 얼마 안 되겠군요.

초콜릿 색 리트리버는 귀한 만큼 가진 사람도 얼마 안 되므로 그 가치 또한 높습니다. 귀한 리트리버이므로 보통의 리트리버 가격의 두 배를 주고 사더라도 아깝지 않을 것입니다. 초콜릿 색 리트리버를 비싸게 구입했다고 기분 나빠 하지 않으셔도 좋을 것 같군요. 하하하!

증인의 말씀처럼 초콜릿 색 리트리버는 확률적으로 나오기가 힘들어 비쌀 수밖에 없으며 비싼 만큼 가치가 높습니다. 따라서 원고는 리트리버를 사는데 결코 바가지를 쓴 것이 아니며 품질 좋고 귀한 종을 샀다고 볼 수 있으므로 흥분하지 않으셔도 될 것 같습니다.

같은 개라도 유전에 의해 흔히 볼 수 있는 종과 더 귀한 종이 결정된다고 하니 유전에 대해 잘 알면 개를 구입하는데도 도움이 되겠군요. 원고가 구입한 리트리버는 제값을 주고 샀다고 판단됩니다. 귀한 종인 만큼 잘 키우기 바랍니다.

판결 후, 자신이 산 강아지가 귀한 종의 강아지라는 것을 알게 된 최고미는 그 강아지를 보석처럼 소중하게 대했다.

의사가 되고 싶은 색각 이상자

적록 색맹인 우등생은 정말 의사가 될 수 없을까요?

우등생은 전교 1등을 거의 놓쳐 본 적이 없을 만큼 공부를 잘하는 중학교 1학년 학생이었다. 거기다 성격이 밝고 사교성도 좋아 학생들 사이에서도 인기가 많았다. 특히 시험 기간에 그의 주변에는 모르는 것을 묻기 위한 학생들로 북적였고 예체능 시간에는 항상 시범을 보여 주는 존재이기도 했다.

"등생, 넌 역시 완벽해! 나도 너의 반만 됐으면 얼마나 좋을까?"

"아니 뭘, 다 노력하면 되는 건데."

"이야, 겸손하기까지! 그만, 그만. 더 했다가는 네가 싫어질 거야. 윽."

이토록 완벽한 그에게도 딱 한 가지 단점이 있었으니, 바로 적록색맹이었던 것이다. 초등학교 신체검사 때 알게 된 색맹. 어릴 때 신호등 색이 헷갈려 사고당할 뻔했던 걸 제외하고는 일상생활에 큰 지장이 없었기 때문에 그다지 신경 쓰지 않았다.

"오늘 미술 시간에는 뭐 한데?"

"보나마나 또 수채화겠지."

"오늘은 야외 수업이래. 풍경화라는데?"

"그나마 살 것 같다. 미술실은 영 갑갑해서 가기가 싫어."

학생들은 미술 도구를 챙겨 운동장으로 나갔다. 운동장에는 정말 깐깐하게 학생들을 대하는 미술 선생님이 벌써 와 있었다.

"왜 이렇게 늦습니까? 벌써 1분이나 지났어요. 1분이면 60초, 1초도 아까운데 60초씩이나 낭비하다니!"

미술 선생님은 잔소리를 했고 학생들은 잔소리할 시간에 그림이나 그리지 뭐 하는 건지 모르겠다는 뚱한 표정으로 듣고 있었다.

"잔소리하다 보니 벌써 시간이 이렇게 됐네. 오늘 야외 수업에서는 파릇파릇 잎이 돋아나는 봄을 맞이하여 싱그러운 봄을 각자 그림에 그려 보도록 해요. 놀다가 걸리면 바로 점수 깎을 테니까 열심히 하도록."

미술 선생님의 말이 끝나자 학생들은 각자 자기가 원하는 곳으로 갔다. 우등생은 몇몇 아이들과 함께 뒷산이 잘 보이는 곳에 앉았다.

"난 그림에 소질이 없어서 미술 시간이 제일 싫어. 매일 잔소리만 듣고. 잘 그리든 못 그리든 그건 학생들 각자의 능력 차이 아니야? 괜히 그런 걸로 트집이나 잡고 말이야."

한 학생이 투덜거리자 여기저기서 투덜거렸다. 그러나 그사이 우등생은 벌써 스케치를 마치고 색을 칠하려 하고 있었다.

"역시 이름처럼 우등생답다. 우리가 이야기하는 사이에 벌써 스케치를 끝내다니! 혼나기 전에 우리도 어서 스케치하자."

학생들은 조용하게 스케치를 하였고 우등생은 녹색으로 산을 칠하려고 팔레트를 보는 순간 몹시 당황하였다.

'어떤 게 녹색이지? 이건가? 저건가? 이럴 때마다 곤란해진단 말이야. 물감 통을 통째로 들고 왔어야 하는 건데. 애는 왜 빨간색이랑 녹색을 붙여서 짜 놓은 거야?'

동생 팔레트를 들고 온 탓에 물감을 들고 오지 않은 우등생은 하필 동생이 빨간색과 녹색을 붙여서 짜 놓는 바람에 어떤 것이 녹색인지 몰라 우왕좌왕하고 있었다. 그러다 결국 50%의 확률이라고 생각하고 아무 색이나 물감에 묻혀서 살짝 칠해 무슨 색인지 알아보려는데 바로 옆에 있는 친구가 말을 걸었다.

"등생아, 넌 장래 희망이 뭐야?"

"어, 난 의사가 되고 싶어."

"의사라, 넌 공부를 잘하니까…… 부럽다. 의사들 돈 많이 벌잖아."

"난 돈 잘 버는 의사보다 슈바이처처럼 사람들에게 봉사하는 의사가 되고 싶어."

"멋지다, 그런데 왜 너 산을 빨간색으로 칠하고 있어?"

그제야 우등생은 자신의 스케치북을 보았는데 산이 온통 빨간색으로 칠해져 있었다. 친구가 말을 거는 바람에 색을 확인하는 것을 잊은 등생이는 스케치북은 보지도 않고 열심히 색칠만 하고 있었던 것이다. 설상가상으로 미술 선생님까지 나타났다.

"다들 열심히 잘하고 있나요? 어머, 우등생. 넌 왜 산을 새빨갛게 칠하고 있니?"

미술 선생님은 의심스러운 눈초리로 우등생을 보았고 우등생은 이 상황을 어떻게든 모면해 보려고 열심히 머리를 굴려 겨우 변명하였다.

"아, 봄의 새싹을 꼭 녹색으로 칠할 필요는 없잖아요. 전 새싹들의 열정을 표현하고 싶었어요. 하하, 좀 엉뚱한가요?"

우등생은 자기가 생각해도 이상한 변명이라고 책망하며 미술 선생님의 눈치를 살폈지만 미술 선생님은 뜻밖에도 매우 감격스러운 표정으로 우등생을 칭찬했다.

"새싹들의 열정이라, 넌 역시 미술에 소질이 있어! 이 선생님은 감격했단다. 호호, 최고야, 최고!"

학생들은 모두 부러운 눈빛으로 우등생을 바라보았고 우등생은

어쨌든 간신히 위기를 넘겼다.

미술 시간이 끝나고 모두 교실로 돌아와 종례를 기다리는데 담임선생님이 칠판에 '내일은 신체검사'라고 크게 적었다.

"내일은 신체검사 날이니까 목욕 좀 하고 와."

"에이, 목욕 안 해도 우린 언제나 깨끗한 소년들이에요. 그치?"

"깨끗한 소년이 입에 뭘 그렇게 묻히고 다니나? 어쨌든 내일 체육복 잊지 말고 가져와야 한다. 내일 봅시다. 이상!"

담임선생님이 나가고 모두들 들뜬 마음에 집에 가려고 가방을 주섬주섬 챙겼지만 우등생의 표정은 그리 좋지 않았다. 내일이면 또 색맹인 것이 밝혀져서 친구들의 호기심 어린 눈빛을 견뎌야 한다는 생각에 몸서리가 쳐졌다.

"어떻게든 되겠지. 내일 일은 내일 걱정하자."

다음 날, 신체검사가 이루어졌고 마침내 색맹 검사가 실시됐다. 여러 색깔 동그라미로 이루어진 그림 속의 숫자를 맞추는 것이었는데 학생들은 가소롭다는 듯 척척 읽고는 자기 자리로 들어갔다. 드디어 우등생의 차례였다.

"이 그림 안의 숫자가 뭐지?"

"잘 모르겠어요."

"흠, 그럼 이 그림은?"

"그것도요."

"병원은 가 봤니?"

"네, 색맹이라고 하던걸요."

우등생의 말에 친구들은 수군거렸다. 우등생은 그런 수군거림이 싫었다. 우등생이 허탈한 마음으로 자리에 앉자마자 친구들이 몰려와 이것저것 묻기 시작했다.

"색맹이 뭐야? 아까 그 숫자 못 읽는 거?"

"응, 난 빨간색과 녹색이 같이 있으면 구별 못해."

"우아, 신기하다. 그런 것도 있구나."

친구들은 신기한 눈빛으로 우등생을 봤고 우등생은 기분이 나빴지만 꾹 참고 있었다.

"하지만 색맹이라고 해서 일상생활에 지장이 있는 건 아니야. 다만 이런 검사에서 걸리는 거지."

"그런 거야? 사실 나도 아까 살짝 안 보일 뻔했는데. 나도 색맹인가?"

"그러고 보니 우리 옆집 형도 녹색이랑 빨간색을 잘 구별 못하던데…… 내 주변에 그런 사람이 또 있다니 신기하다."

'제발 그만 좀 해라. 내가 무슨 동물원의 원숭이도 아니고 이게 뭐야?'

우등생은 이렇게 소리치고 싶었지만 차마 그러지 못해 꾹 참고 있을 때 한 학생이 불쑥 말을 던졌다.

"그럼 너 의사 못하겠네?"

"뭐? 의사를 못하다니?"

"내가 언젠가 책에서 봤는데 색맹은 의사를 못한대. 그런데 네 부모님 중에 색맹인 분 계셔?"

"아니, 없는데."

"이상하네, 색맹은 유전이라던데."

우등생은 혼란에 휩싸였다. 자신이 어릴 적부터 꿈꿔 왔던 의사가 못 된다는 것도 충격적인데 거기다 유전이라니! 그럼 자신은 부모님의 아들이 아니란 말인가? 우등생은 혼자 끙끙 앓으며 혼란의 나날을 지내다 결국 생물법정에 의뢰하게 되었다.

색맹은 그 유전자가 X염색체 위에 존재하여 유전되는 '반성 유전' 입니다.

과학공화국
생물법정 7

색맹인 사람은 의사가 될 수 없을까요?
생물법정에서 알아봅시다.

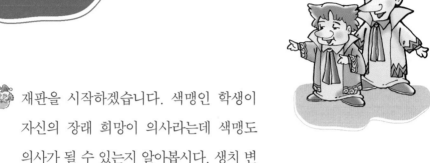

재판을 시작하겠습니다. 색맹인 학생이 자신의 장래 희망이 의사라는데 색맹도 의사가 될 수 있는지 알아봅시다. 생치 변호사 변론하십시오.

의사라는 직업은 생명을 다루는 직업입니다. 색맹은 색 구별이 힘든 사람인데 어떻게 그런 사람에게 생명을 맡길 수 있겠습니까?

우등생 학생은 색맹이기 때문에 자신이 원하는 의사를 하지 못한다는 말씀인가요?

우등생 학생이 열심히 공부해서 장차 의사가 되는 게 꿈이라는 것은 압니다만 신체적 결함 때문에 쉽지 않을 거라고 생각됩니다. 아쉽지만 장래 희망을 다시 정하는 게 좋을 것 같습니다.

생치 변호사의 말씀이 옳다면 정말 안타까운 일이 아닐 수 없습니다. 비오 변호사의 주장은 어떤지 변론을 들어 봅시다.

일상생활에서는 색맹인 사람과 일반인과는 크게 다르지 않습니다. 색맹이나 색약이라 하더라도 신호등이나 옷 색깔 등은 쉽게 구별할 수 있습니다. 단지 색깔을 희미하게 칠한 검사

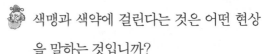

색맹

색깔을 바르게 구별하지 못하는 상태를 색맹이라고 부른다. 모든 종류의 색깔을 구별하지 못하는 것을 전색맹이라 하고, 빨강과 녹색을 구별하지 못하는 것을 적록색맹이라 한다.

상에서는 구분이 되지만 일상생활에서의 차이는 거의 없습니다.

색맹과 색약에 걸린다는 것은 어떤 현상을 말하는 것입니까?

색맹이란 망막의 시세포에 이상이 있어서, 색깔을 제대로 구별하지 못하는 유전 형질을 말하고, 색약은 색조는 느끼지만 그 감수 능력이 둔하여 비슷한 색조의 구별이 곤란한 상태를 말합니다. 둘 다 색깔 구분이 힘든 상태를 말하는 것입니다.

색맹은 어떻게 생기는 겁니까?

색맹은 유전에 의해 부모로부터 물려받아 생깁니다. 색맹은 그 유전자가 X염색체 위에 존재하여 유전되는 반성 유전입니다. 여성은 X염색체를 두 개 가지기 때문에 XX, X'X, X'X' 로 총 세 가지 경우가 있습니다. 앞의 두 가지 경우는 색맹이 나타나지 않고 X'X' 인 경우가 색맹입니다. 그리고 남성은 X 염색체 하나와 Y염색체 하나를 가지므로 XY, X'Y인 두 가지 경우가 있는데 X'Y인 경우가 색맹입니다. 여자는 확률적으로 남자보다 색맹 유발 빈도수가 적습니다. 즉, 여성이 색맹에 걸리려면 두 개의 X염색체 모두에 색맹 유전자가 있어야 하지만 남성은 색맹 유전자가 한 개의 X염색체에만 있어도 색맹이 되기 때문에 남자가 색맹이 될 확률이 더 높은 것입니다.

 남성의 경우가 색맹에 걸릴 빈도수가 여자보다 더 많다고요?

 네, 남성의 성염색체는 X와 Y로 이루어져 있으며 X염색체는 단 하나로 이 X염색체가 색맹 유전자를 가지면 색맹에 걸립니다.

 우등생 학생의 경우도 아버지와 어머니에게서 유전되었겠군요. 그런데 우등생의 부모님은 두 분 모두 색맹이 아니라고 합니다. 어떻게 된 건가요?

 우등생의 부모님은 색맹이 아닌데 우등생이 색맹인 이유는 간단합니다. 우등생의 아버지는 색맹이 아니므로 색맹 유전자를 가지지 않고 따라서 성염색체 XY는 정상입니다. 우등생은 어머니로부터 색맹 유전자를 물려받은 것입니다. 어머니의 성염색체 두 개의 X 중 하나가 색맹 유전자를 가지고 있는 것입니다. 따라서 어머니는 색맹은 아니지만 색맹 보인자입니다.

 보인자는 무엇인가요?

 보인자란 어떠한 형질이 표현되어 나타나지는 않지만 유전자를 가지고 있는 것을 의미합니다. 우등생의 어머니의 경우는 두 개의 X 성염색체 중 하나의 성염색체에 색맹 유전자를 가지고 있어 색맹이 되지는 않았지만 유전자를 가지고 있기 때문에 보인자가 됩니다. 따라서 우등생 학생이 부모로부터 물려받은 색맹 유전자가 있는 X염색체는 어머니로부터 받은 것이지요.

 색맹이어도 의사를 할 수 있습니까?

 색맹이나 색약인 사람이 색감이 생명인 미대를 들어가서 그림을 그린다면 작업이 매우 힘들겠지요. 하지만 색맹이라고 해서 모두 의사를 못하는 것은 아닙니다. 몇몇 대학에서는 색맹이나 색약이 있는 사람을 선발하고 있습니다. 능력이 출중한 사람이 단지 색맹이라는 이유로 무조건 의사가 될 수 있는 기회를 박탈당하면 안 되겠지요. 이런 사람들 중에는 능력이 우수해 정상인보다 훨씬 훌륭한 의사도 많습니다. 따라서 색맹이 심하지 않다면 의사를 할 수 있습니다.

 색맹이기 때문에 의사가 되는 것이 불가능하다고 말하는 것은 우등생 학생에게 청천벽력 같은 소리일 것입니다. 다행히 색맹이라고 무조건 의사가 될 수 없는 것은 아니라고 합니다. 최선을 다해서 열심히 노력하면 학생의 능력을 인정해 주는 곳이 많을 것입니다. 희망과 용기를 가지고 열심히 공부하여 좋은 의사가 되도록 하십시오. 이상으로 재판을 마치겠습니다.

재판을 통해 부모님의 친자식임을 확인한 우등생은 그동안의 방황을 접고 더 열심히 공부해서 부모님께 효도하기로 마음먹었다.

암은 유전되는 걸까요?

집안에 암 환자가 있다면 그 자식도 반드시 유방암에 걸릴까요?

엄마, 생신 축하드려요. 제가 드릴 건 없고 이렇게 편지와
유치원에서 접은 꽃을 드립니다. - 가을 올림 -

삐뚤삐뚤하게 적은 편지와 조금 구겨진 종이 꽃. 첫째 딸 가을이
준 선물을 본 권해연은 흐뭇한 미소를 짓다 갑자기 자신의 나이를
생각하자 두려움이 다가왔다. 올해 나이 38세. 이제 마흔도 얼마
남지 않았다.

"우리 도련님 일어났어요? 잘 잤어?"

낮잠을 자고 있던 둘째 아들 여름이가 눈을 비비면서 권해연의 품에 안겼다. 아직 졸음이 채 가시지 않았는지 눈을 반쯤 감은 채였다.

"아들, 더 잘래?"

"싫어."

"에이, 보니까 더 졸린 것 같은데?"

"통통이 볼 거야. 엄마, 텔레비전 틀어 줘."

여름은 어린이들을 위한 애니메이션인 '통통이와 친구들'을 보기 위해 애써 일어났던 것이었다. 꾸벅꾸벅 졸면서 텔레비전을 보고 있는 아들의 모습을 권해연이 카메라를 들고 와 사진을 찍었다. 그저 평화롭기만 한 가정. 그러나 권해연은 점점 이 행복이 깨질까 봐 무섭기만 했다.

"다녀왔습니다."

"어서 오세요. 딸, 다녀왔으면?"

"손 씻고 양치질해야 돼요."

"옳지, 우리 딸 착하다. 오늘은 상으로 케이크를 간식으로 줄게."

가을은 신이 나서 쪼르르 화장실로 뛰어가 손을 씻고 양치질을 하였다. 거실의 탁자에는 딸기 케이크와 생과일 주스가 있었고 가을은 동생 여름과 함께 맛있게 간식을 먹었다.

"맛있니?"

"네. 그런데 엄마, 가을이는 왜 외할머니가 없어요?"

"외할머니는 엄마가 가을이만 할 때 하늘나라로 가셨단다."

"왜요?"

"여기에 병이 생겨서 그래."

권해연은 가을이의 가슴에 손을 대고 이야기했다. 가을은 그래도 이해하지 못하는 것 같았다.

"그럼 병원 가서 주사 맞고 약 먹으면 되지요."

"그 병은 주사나 약으로 물리칠 수 없는 병이었단다."

가을이는 여전히 갸우뚱거렸다. 지금까지 아프면 병원에 가서 주사를 맞고 약을 먹으면 다 나았기 때문에 나을 수 없는 병도 있다는 것을 이해할 수 없는 모양이었다.

"가을이는 안 아픈데…… 가슴이 아프면 다 하늘나라로 가야 하는 거예요?"

"그건 아니란다. 하지만……."

권해연은 목이 메서 말을 제대로 할 수 없었다. 더 이상 말하면 눈물이 날 것만 같았다.

"여보, 나 수술해야 할까 봐."

"무슨 수술? 옆집 혜나 엄마가 보톡스 맞아서 주름 폈다고 당신도 하고 싶은 거야?"

"아니, 나 이제 마흔이 가까워 오잖아."

"그래서?"

"가슴 절개 수술을…… 해야 할까 봐."

권해연의 남편은 어안이 벙벙해져서 잠시 말을 잇지 못했다. 권해연은 한숨을 내쉬며 계속 말을 이었다.

"당신도 알다시피 우리 외할머니도 엄마도 모두 유방암으로 돌아가셨어. 그것도 딱 마흔 전후에 말이야. 이 정도면 유방암은 우리 집안 내력 아니겠어?"

"듣고 보니 그렇긴 하지만 당신은 지금 멀쩡하잖아?"

"하지만 나도 언제 발병할지 몰라. 내가 가을이만 할 때였긴 하지만 아직도 생생해. 항암 치료를 받다가 쓸쓸히 돌아가신 엄마의 모습을 말이야."

"그럼 병원에 가서 상담을 받아 보자. 당신 혼자 결정하는 것보다 전문가의 말을 듣는 게 낫지 않겠어?"

다음 날 권해연은 유방암으로 유명하다는 병원을 찾았다. 의사는 조금 피곤한 표정으로 권해연을 맞았다.

"설문지를 보니 유방암은 아니고, 건강 검진을 받으러 오셨나요?"

"아니요, 가슴 절개 수술을 할까 해서요."

의사는 깜짝 놀라 권해연을 보았다. 권해연은 그런 의사의 반응을 예상했다는 태도로 담담하게 말을 이었다.

"제 어머니도 외할머니도 모두 유방암으로 돌아가셨어요. 두 분다 마흔 전후에 말이죠. 이 정도면 유방암은 유전 아닌가요?"

"그런 요인이 다분히 있긴 하네요."

"전 두 아이의 엄마고 한 남자의 아내예요. 이제 곧 마흔이 가까워 오고요. 그럼 저도 외할머니나 어머니처럼 유방암에 걸릴 거라고요."

의사는 권해연의 말을 듣고 깊은 생각에 빠졌다. 권해연은 어서 의사가 대답해 주기만을 기다렸지만 의사의 대답은 의외였다.

"현재로써 암이 유전이다, 아니다 확신할 수 없어요. 물론 암은 유전적인 요인도 작용합니다만 그게 전부는 아니에요. 그리고 요즘은 의학이 발달해서 조기에 발견하면 치유가 가능합니다. 제 소견으로는 너무 섣부른 생각이 아닐까 싶네요. 일단 꾸준히 건강 검진을 받아 보면서 상황을 지켜보지요."

권해연은 계속 가슴 절개 수술을 해 달라고 간곡하게 요청했지만 의사는 그렇게 할 수 없다며 거절하였다. 시무룩해진 표정으로 돌아온 권해연을 본 남편은 부인이 걱정돼 조심스럽게 물었다.

"어떻게 됐어? 수술하라고 그래?"

"아니, 암이 발견된 후 치료해도 늦지 않다며 거절하더라."

"그래, 내 생각에도 너무 지나친 걱정이었어."

"당신마저 그렇게 이야기할래? 난 하루하루가 지옥이야. 어느 날 갑자기 암이 생겨서 우리 가을이, 여름이 그리고 당신 놔두고 죽을까 봐 미칠 것 같단 말이야."

권해연은 남편의 만류에도 불구하고 계속 병원을 찾았고 그때마다 의사는 절개 수술을 거절하였다. 결국 불안감이 극도로 치달은 권해연은 의사가 자신을 죽이려고 한다고 생물법정에 고소하기에 이르렀다.

암의 발생에 유전이 작용할 가능성은 있으나 규칙적인 식습관으로 잘 관리하면 암에 걸리지 않도록 대비할 수 있습니다.

78 과학공화국
생물법정 7

여기는 생물법정

유방암은 유전될까요?
생물법정에서 알아봅시다.

재판을 시작하겠습니다. 원고는 부모로부터 암이 유전되어 죽을지도 모른다는 두려움에 떨고 있다는군요. 암이 유전된다는 원고의 말이 사실일까요? 원고 측 변론하십시오.

암은 유전이 틀림없습니다. 원고의 외할머니와 어머니께서 마흔이 조금 넘은 젊은 나이에 유방암으로 세상을 떠났습니다. 암이 유전이 아니라면 외할머니와 어머니께서 똑같이 유방암으로 돌아가신 것은 우연의 일치여야 합니다. 더구나 우연의 일치로 비슷한 나이에 세상을 떠났다는 것은 하늘이 장난치는 것이 아니라면 인정할 수 없습니다. 암이 유전에 의해 결정되는 것이 맞다고 보는데 암에 걸리는 것을 막지 못한다면 그 전에 암에 걸리지 않도록 조치를 취해야 합니다. 때문에 원고는 병원을 찾아가 의사에게 가슴 절개 수술을 요청했습니다. 하지만 의사는 원고의 요청에도 불구하고 거절했습니다. 이것은 의사가 생명의 위태로움을 느끼는 원고를 방치하는 것입니다. 의사는 원고의 가슴 절개 수술을 해 줄 것을 요구합니다.

혹시 암이 유전되더라도 발병되고 나서 수술이나 약물로 치료하면 되지 않습니까?

요즘 아무리 의학 기술이 발달했다고 해도 암에 걸리고 나면 사태는 심각해집니다. 암에 걸린다고 확신한다면 암이 발병하기 전에 수습하는 것이 옳다고 봅니다.

정말 암이 유전에 의해 되물림되는지 알아봐야겠군요. 원고 측에서 더 이상 타당한 증거가 없다면 피고 측의 변론을 들어 보겠습니다. 피고 측 변론하십시오.

암이 유전된다는 보고는 아직까지 없습니다. 따라서 암이 유전된다고 확정하는 것은 아주 위험한 말입니다.

그렇다면 암은 유전되지 않는 건가요?

암이 유전되는지 아닌지에 대한 자세한 변론을 해 주실 증인을 요청합니다. 과학생명 암 센터의 최강한 소장님을 증인으로 모셨습니다.

증인 요청을 받아들이겠습니다. 증인은 증인석으로 나와 주십시오.

정장 위에 회색 바바리코트를 걸친 50대 초반의 남성이 한 손에 노트북 가방을 들고 증인석으로 걸어 나왔다.

원고의 외할머니와 어머니께서 비슷한 연령에 유방암으로 세

상을 떠났다고 합니다. 이것이 암이 유
전된다고 말할 수 있는 증거가 됩니까?

 지금까지 암 센터에서 연구한 것에 비추
어 보면 암이 유전이라고 말할 수 있는
근거는 없습니다.

> 세포
>
> 세포는 모든 생물의 기본 단위로
> 동물 세포와 식물 세포로 나뉘며
> 여러 화학 반응에 작용해 물질
> 대사를 조절한다.

 그럼 암이 유전이 아니라는 것이군요.

 암이 유전이다, 아니다, 라고 정확히 말하기는 힘듭니다. 유
전이 된다는 증거를 찾지는 못했지만 유전이 아니라고도 정
확히 말할 수 없기 때문이지요.

 유전이 아니라고 말할 수 없는 이유는 무엇입니까?

 보통, 암이 많이 걸린 집의 가계도를 보았을 때 친척들이 암
에 걸린 경우가 많다면 평범한 가계의 사람보다 암에 걸릴 확
률이 높다고 볼 수도 있습니다. 하지만 그것이 단지 유전 때
문이라고 말할 수는 없다는 겁니다.

 그렇다면 암은 유전적인 영향이 있을 수도, 없을 수도 있기
때문에 확신할 수 없다는 거군요. 다른 요인에 의해 암의 발
생이 영향을 받는 것은 없습니까?

 최근의 연구 결과를 살펴보면 유전적인 요인이 있더라도 먹
는 음식의 영향을 받는 것으로 밝혀졌습니다. 따라서 암이
유전이라고 할지라도 규칙적인 식습관을 가지고, 잘 관리하
면 암에 걸리지 않도록 대비할 수 있습니다. 음식 중에서 패

스트푸드, 탄 음식, 콜라는 되도록 먹지 않는 것이 좋습니다. 규칙적인 운동이나 긍정적인 사고방식도 암을 예방하는데 도움을 줄 수 있습니다. 암에 걸릴지 모른다고 걱정이 많이 되는 분들은 조기 발견이 중요하므로 정기 검진을 받도록 하십시오.

암이 유전이라고 할 수는 없기 때문에 원고가 미리 겁먹고 가슴 절개 수술을 하는 것은 무모한 도전일 수 있겠군요. 게다가 암에 걸릴지 안 걸리지 모르는 상황에서 젊은 나이에 가슴을 없애는 것은 여성으로서 심리적인 불안감을 주는 등 정서적인 측면에서도 좋지 않을 것으로 판단됩니다.

지금까지의 변론으로 미루어 암이 유전된다는 증거는 없다고 판단됩니다. 따라서 미리 겁먹고 가슴 절개 수술을 하는 것은 좋지 않은 선택 같군요. 정기 검진을 통해 지속적으로 관리하면 혹시 암에 걸렸다고 하더라도 초기에 발견되어 100% 완치 가능한 경우가 대부분이므로 걱정하지 않아도 될 겁니다. 그리고 적당한 운동과 식습관 조절로 건강을 유지하는 것이 좋을 것 같습니다. 건강하면 암 세포가 들어올 공간이 없을 겁니다. 이상으로 재판을 마치도록 하겠습니다.

재판을 마친 후 권해연은 제대로 알아보지도 않고 고소한 것에 대해 의사에게 사과했다. 암이 유전이 아니라는 것을 알게 된 그녀

는 정신적 스트레스를 이겨 내고 매일 열심히 운동했으며 정기적
으로 건강 검진을 받으며 건강한 생활을 하게 되었다.

쓴맛이 안 느껴진다고?

부모님과는 달리 쓴맛을 느끼지 못하는 나엉뚱은 부모님의 친자식이 아닐까요?

"으, 심심하다. 뭐 재미있는 일 없냐?"

"글쎄다, 날씨도 좋은데 이 불쌍한 청춘들은 학교에서 썩는다, 썩어."

"그러게 말이야. 정말 뭐 좀 재밌는 일 없을까?"

경대 중학교 학생인 나엉뚱과 정농담은 맑은 하늘에서 살랑 불어오는 봄바람을 맞으며 교실 창가에서 푸념하고 있었다. 남녀공학이었다면 러브 스토리 같은 즐거운 일이라도 꿈꿔 봤겠지만 그런 가능성이 전혀 없는 남학교인지라 매일 똑같은 하루만 반복될 뿐이었다.

"저기 미인 여고 학생들 지나간다."

"오, 역시 저 빛나는 외모. 저 학교는 미인들의 집합소라며? 크크, 누님들 여기 한 번만 봐 주세요."

경대 중학교와 미인 여고는 매우 인접해 있었고 그런 미인 여고는 경대 중학교 남학생들에게 꿈 같은 곳이었다.

"하루 만이라도 좋으니까 저 학교에 가 보고 싶다. 누님들의 사랑을 받고 싶다!"

"그렇게 누님들의 사랑을 받고 싶냐?"

몸부림치고 있는 이 둘을 건드리는 이가 있었으니 그는 미인 여고에 다니는 누나를 둔 강호돌이었다.

"넌 뭐냐? 누나 있다고 유세야? 그래 너 잘났다."

"에이, 그렇게 말하면 섭섭하지. 내가 솔깃한 정보 하나 가르쳐 줄까?"

"뭔데?"

나엉뚱과 정농담은 강호돌의 말에 어느새 귀를 쫑긋 세우고 있었다. 강호돌은 의기양양해 하며 이야기했다.

"우리 누나가 그러는데 이번 주 주말에 미인 여고에서 축제한다더라. 초대장 줄 테니 친구들하고 오고 싶으면 이야기하라던데? 누굴 데리고 가야 하나?"

둘은 이야기가 끝나기 무섭게 강호돌을 붙잡고 자신이 진짜 친구라는 것을 각인시키기 위해 온갖 노력을 다 하였다.

"야, 내가 매점에서 너한테 사 준 게 얼마인데. 말만 해. 더 사 줄 수 있어. 우리 진정한 친구 맞지?"

"전에 빌려 달라는 게임 CD 내일 당장 빌려 줄게. 내가 진짜 친구지?"

둘은 거의 애원하다시피 했고 강호돌은 그제야 만족해 선심 쓰듯 말하였다.

"좋아, 둘은 내 진짜 친구니까 특별히 너희만 데려간다. 대신 그전에 내가 해 달라는 대로 다 해 줘야 해."

둘은 끄덕거렸고 그날부터 강호돌의 하인처럼 굴었다. 매점에서 사 달라는 대로 다 사 주고 온갖 물건을 다 빌려 주면서 강호돌의 비위를 맞췄다. 오로지 미인 여고 축제를 위해서라면 뭐든 다 할 수 있다는 생각으로 꾹 참았던 것이다.

시간은 흘러 어느덧 주말이 되었고 나엉뚱과 정농담은 드디어 강호돌과 함께 미인 여고 축제에 갈 수 있었다.

"떨린다. 드디어 꿈에서나 가 봤던 미인 여고에 들어가는구나."

둘은 호들갑을 떨며 강호돌을 따라갔고 미인 여고 입구에는 예쁘게 교복을 입은 여학생들이 두 줄로 서서 인사하고 있었다.

"어서 오세요. 미인 여고 축제에 오신 것을 환영합니다."

"인사해 주시니 오히려 제가 감사하죠. 하하."

둘은 헤벌쭉하게 웃으면서 인사하는 여학생에게 다가가려 했지만 강호돌의 제재로 겨우 학교 안에만 들어올 수 있었다.

"너희 창피한 짓 좀 하지 마. 계속 그러면 쫓아내 버린다."

"미안, 미안. 안 그럴게."

"그나저나 뭐부터 볼까? 뭐 보고 싶은 거 있어?"

"누님들이 있는 곳이라면 아무 곳이나 상관없어. 흐흐."

둘은 주위를 둘러보며 마치 천국에 있는 것 같은 느낌을 받았고 앞으로 이런 기회가 또 있을까 싶기도 했다.

"그럼 우리 누나가 있는 과학 동아리에 가 보자. 재밌는 실험한 다던데."

"그래, 너희 누나는 너랑은 영 딴판으로 정말 예쁘겠지?"

"뭐야?"

"아…… 아니야. 어디로 가면 되지?"

셋은 초대장에 나온 약도대로 따라가 과학 동아리가 있는 곳으로 갔다. 그곳에는 사람들이 꽤 많이 모여 있었고 강호돌은 그중에서 누나를 찾았다.

"호돌이 왔구나. 옆에는 친구들?"

"안녕하세요, 저는 호돌이의 가장 절친한 친구 나엉뚱이라고 합니다."

"아니요, 가장 절친한 친구는 저, 정농담입니다."

"나라니까."

"나야!"

둘은 티격태격했고 강호돌의 누나는 웃으면서 말했다.

"그래, 아무튼 우리 호돌이랑 잘 지내렴. 그리고 이렇게 와 줘서 고마워. 온 김에 우리 과학 동아리에서 하는 행사에 참가해 보렴."

셋은 과학 동아리에서 하는 실험들을 쭉 둘러보다가 '숨은 미맹을 찾아라!' 라는 코너를 보게 되었다.

"미맹이 뭐야?"

"글쎄다, 무슨 보물 이름인가? 한 번 가 보자."

셋은 쫄래쫄래 '숨은 미맹을 찾아라!' 코너로 갔다. 코너 담당자가 활짝 웃으면서 그들을 맞이했다.

"어서 오세요. 여기는 미맹 테스트를 해 볼 수 있는 곳이에요. 미맹 테스트는 PTC라는 약품으로 하는데 보통 사람의 경우는 쓴맛을 느끼지만 미맹인 사람은 쓴맛을 느끼지 못해요. 여기 종이에 혀를 대 보세요."

셋은 담당자에게 받은 PTC 시약이 묻은 종이에 혀를 댔다. 강호돌과 정농담은 쓰다며 퉤퉤 얼굴을 찌푸렸지만 나엉뚱은 무슨 맛인지 전혀 모르겠다는 표정이었다.

"왜 그래? 난 전혀 안 쓴데."

"너 미맹 아냐?"

"아니야! 저기요, 한 장만 더 주시겠어요?"

나엉뚱은 다시 종이를 혀에 대고 쭉쭉 빨기까지 했으나 전혀 쓴맛을 느끼지 못했다.

"푸하하, 너 미맹인가 보다. 넌 숨겨진 미맹이었어!"

나엉뚱이 마치 무슨 병에 걸린 것 같은 표정을 짓자 담당자가 웃으면서 말하였다.

"이건 병이 아니니 걱정 말아요. 보통 미맹인 사람은 가족들 중에도 미맹인 경우가 많답니다. 미맹은 유전이거든요."

"그래요? 그럼 혹시 그 약 조금 덜어 갈 수 있을까요?"

담당자는 친절하게 PTC 용액을 덜어 주었고 나엉뚱은 집에 들고 가서 가족들을 앉혀 놓고 미맹 테스트를 했다.

"퉤퉤, 이건 도대체 뭐니? 쓰기만 쓰고. 약이야?"

"아빠는 그게 써요? 엄마는요?"

"아윽, 써라. 꼭 쓴 약을 먹은 느낌이야."

"오빠, 도대체 이건 어디서 구해 온 거야? 몸에 나쁜 거 아냐?"

가족들이 PTC 용액을 혀에 대자 쓰다며 난리가 났다.

"이상하다. 이거 유전이랬는데 나는 전혀 안 쓰단 말이야."

"그러게, 너만 쓴맛을 못 느낀다니 이상하구나."

나엉뚱은 자신의 방으로 돌아와 왜 혼자만 쓴맛을 못 느끼는지 곰곰이 생각해 보았다. 그러던 중 어릴 적 할머니께서 종종 놀리셨던 말이 생각났다.

"엉뚱아, 이건 비밀인데…… 넌 이 할미가 다리 밑에서 주워 왔어."

나엉뚱은 할머니 말이 사실처럼 다가왔고 곧장 부모님에게 가서 따지듯 물었다.

"나 주워 온 자식 맞죠? 진짜 부모님은 어디 계세요?"

"얘가 별 이상한 소리를 다하네. 진짜 부모님이야 당연히 우리지. 쓸데없는 소리 하지 말고 가서 자."

나엉뚱은 부모님께 핀잔만 들었지만 부모님이 뭔가를 일부러 숨기는 것 같다는 느낌이 들어 생물법정에 진짜 부모님을 찾아 달라고 의뢰했다.

미맹이란 PTC 용액의 쓴맛을 느끼지 못하는 현상을 말합니다.
PTC 용액은 정상인의 경우 쓴맛으로 느끼며
미맹인 사람은 무미 또는 다른 맛으로 느낍니다.

미맹은 어떻게 유전되는 것일까요?
생물법정에서 알아봅시다.

재판을 시작하겠습니다. 미맹이 유전이라
고 하는데 정상인 부모에게서 태어난 나
엉뚱 학생은 왜 미맹일까요? 먼저 생치
변호사 변론하십시오.

나엉뚱 학생의 부모님은 미맹이 아닌데 나엉뚱 학생이 미맹
인 것으로 보아 두 가지 경우로 추측할 수 있습니다. 첫 번째
는 나엉뚱 학생의 부모님이 친부모님이 아닐 수 있다는 것이
고 두 번째는 미맹이 유전이 아닐지도 모른다는 것입니다.

친부모님이 아닐 수 있다는 것은 위험한 말씀입니다. 정확한
근거가 없는 것은 말조심해 주십시오.

물론 저도 압니다. 조사 결과 나엉뚱 학생은 부모님과 친자
관계임을 확인했습니다. 따라서 미맹은 유전으로 생기는 것
이 아니고 후천적으로 생기는 병인 것 같습니다.

미맹은 유전이라고 하던데 생치 변호사는 미맹이 유전이 아
니라는 말씀이신가요?

우리가 알고 있는, 미맹이 유전이라는 사실이 틀렸다는 것이
죠. 미맹이 유전이 아니라는 것은 나엉뚱 가족을 보면 알 수

있는 것 아닙니까? 이 가족이 바로 그 증거지요.

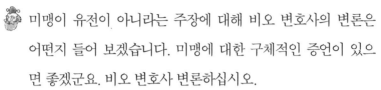 미맹이 유전이 아니라는 주장에 대해 비오 변호사의 변론은 어떤지 들어 보겠습니다. 미맹에 대한 구체적인 증언이 있으면 좋겠군요. 비오 변호사 변론하십시오.

미맹이란 PTC 용액의 쓴맛을 느끼지 못하는 현상을 말합니다. 미맹을 가려 내는 PTC 용액은 정상인의 경우는 쓴맛으로 느끼지만 미맹인 사람은 무미 또는 다른 맛으로 느낍니다.

PTC 용액이란 무엇입니까? 원래부터 존재하는 용액인가요?

PTC는 화학 물질입니다. 방부제로 사용하는 물질을 테스트에 사용하기도 하는데 사람이 먹어도 문제가 없는 물질로서 유전성을 테스트하기 위해 선별한 물질입니다.

생치 변호사의 말처럼 미맹이 정말 유전에 의한 것이 아닌 것이 확실합니까?

생치 변호사의 말은 잘못된 것입니다. 미맹은 유전됩니다. 다만 조금 다른 유전 법칙을 따르지요.

어떤 법칙이죠?

PTC 미맹은 단순 열성으로 유전됩니다.

단순 열성이 뭡니까? 잘 이해가 안 되는군요. 나엉뚱 학생의 미맹은 부모로부터 어떻게 유전된 거죠?

나엉뚱의 가족은 모두 정상이지만 나엉뚱 학생만 미맹인 것을 보아 부모님 두 분 모두 미맹 보인자를 가지고 있다는 것을 알

수 있습니다. 미맹 유전자를 가지고 있지만 미맹이 나타나지 않은 것은 미맹 유전자가 열성이기 때문입니다. 즉, 부모님 두 분 모두 미맹 잡종 유전자 Tt를 가지고 있고, 나엉뚱 군은 이 중 두 개의 유전자인 열성 유전자 tt를 받아 PTC 용액의 쓴맛을 느낄 수 없던 것입니다. 미맹이라고 해서 생활하는데 특별히 문제되는 것은 없습니다. 나엉뚱 학생도 미맹이라고 큰 문제가 생기는 것은 아니므로 걱정하지 않아도 됩니다.

나엉뚱 학생이 미맹이었던 것은 부모님 두 분 모두 미맹 유전자를 가지고 있기 때문이군요. 미맹 유전자가 열성이기 때문에 부모님께는 나타나지 않았던 거였고, 그 때문에 나엉뚱 학생이 자신이 부모님의 친자식이 아닐지도 모른다고 오해를 했던 거군요. 어쨌든 나엉뚱 학생이 부모님의 친자식인 것에는 변함이 없습니다. 이상으로 재판을 마치겠습니다.

재판 후 부모님을 의심했던 나엉뚱 군은 자신의 잘못을 반성하고 부모님에게 더욱 효도했다.

 미뢰

척추동물에서 맛을 느끼는 기관을 '미뢰'라고 한다. 미세포가 모여 미뢰를 이루는데, 침에 녹은 물질의 분자 또는 이온의 자극을 미뢰 속의 미세포가 감지해 맛을 느끼게 한다.

귀에 털이 많아서

천연물이 귀에 털이 많은 것은 아버지 때문일까요?
아니면 외할아버지 때문일까요?

태어나서 한 번도 여자와 사귀어 본 적이 없는 대학생 천연물은 스스로 솔로 부대 정예 멤버를 자청하며 친구들과 어울려 다니길 원했으나…… 친구들은 모두 여자 친구와 사랑을 꽃피우기에 바빴고 혼자 남은 천연물은 오늘도 외롭게 혼자서 학생 식당에서 밥을 먹고 있었다.

"긴 겨울이 가고 봄이 오고 꽃도 피고 내 주변에도 봄이 와서 사랑의 꽃을 피우는구나. 에잇, 솔로가 좋은 거지 뭐!"

그렇게 스스로 위로하였지만 주변에는 커플들이 쫙 깔려 천연물의 속을 뒤집어 놓고 있었다.

"자기야, 저기 봐. 저 남자 귀 털 정말 많다."

"정말이네. 신기하다."

"우리 자기는 저렇게 털 안 나서 다행이다."

"내 귀에 털 나는 것에 보태 준 거 있어?"

천연물은 자신을 흉보던 커플에게 화가 나서 소리를 질렀고 마음 한구석으로 밀려오는 외로움을 감출 수 없었다.

"나도 여자 친구가 있었으면 좋겠다!"

천연물은 집안 내력인 건지 귀에 털이 많다 못해 밖으로 나올 정도로 길었다. 늘 깎고 다듬었지만 어쩔 수 없었다. 어쩌면 그게 여자 친구가 없는 이유일 수도 있었다.

천연물은 점심을 다 먹은 뒤 도서관으로 향했다. 도서관으로 가는 길 벤치에서는 커플들이 사랑을 속삭이고 있었고 천연물은 그들을 방해하고 싶은 심술이 났지만 용기가 없어 모른 척 지나갔다.

"오늘은 무슨 책을 읽지? 흠."

천연물은 오늘도 판타지 소설이나 읽을 생각에 책을 찾고 있는데 창가에 앉아 조용히 책을 읽고 있는 한 여인을 보았다. 분홍색 원피스를 입고 창문으로 불어오는 봄바람에 가볍게 흩날리는 긴 생머리의 청순가련한 여인. 천연물은 그 여인을 보고 첫눈에 반하고 말았다.

'예, 예쁘다. 꼭 천사 같아. 말이라도 걸어 볼까?'

그러나 천연물은 용기가 나지 않아 계속 그 자리에 서 있기만 했다. 조금 후 그 여인은 자리에 일어나서 나가 버렸고 천연물은 붙잡을 용기조차 나지 않아 우두커니 그 자리에 서 있기만 했다. 그날부터 천연물은 수업이 없는 시간이면 매번 도서관에 갔다. 그리고 그 여인은 항상 같은 시간에 같은 자리에서 책을 읽는다는 사실을 알아냈다.

"오, 나의 베아트리체. 휴~."

"쟤 왜 저러냐?"

"몰라, 도서관에서 어떤 여자에게 반했다나? 이름도 몰라서 제 마음대로 베아트리체라고 이름 지었더라고."

천연물은 베아트리체를 생각하며 한숨만 푹푹 내쉬고 있었고 친구들은 그런 천연물을 한심하게 바라보았다.

"그렇게 답답하면 한번 말을 걸어 보든가. 이름도 모르고 계속 지켜보기만 할 거야?"

"하지만 어떻게 해…… 용기가 안 나는걸."

"용기 있는 자가 미인을 얻는 법이랬어. 쯧쯧, 중병이다. 영 답답하면 이바람에게 가 보든가. 걔한테 코치 좀 받아 봐."

친구들의 등에 떠밀려 천연물은 이바람을 찾아갔다. 이바람은 여자에게 인기가 많은 킹카였고 남자들 사이에서 연애 도사로 소문나 있었다.

"연물이가 웬일로 날 찾아왔어? 예쁜이, 오빠가 나중에 연락할 테니 먼저 가. 응."

이바람은 자신을 찾아온 천연물이 의외라는 듯 일단 같이 있던 여자를 보내고 둘이 앉아 이야기를 나누었다.

"있지, 내가 좋아하는 여자가 지금 도서관에 있는데……."

"딱 보니 말도 못 걸어 봤겠네."

"나 좀 도와줘."

천연물은 이바람의 손을 부여잡고 애처롭게 바라보았다. 이바람은 아무 일도 아니라는 듯 이야기했다.

"일단 친구가 되는 거야. 친해지려고 노력해 봐. 그런데 너 귀에 털은 일부러 붙인 거야?"

"아니, 원래 귀에 털이 많은데. 보기 흉하지?"

"어, 여자들 그런 거 엄청 싫어해. 무조건 그 여자 만날 때는 깔끔하게 다듬고 다녀."

천연물은 이바람이 일러준 대로 매일 귀 털을 다듬으며 베아트리체 옆에서 책을 읽었다. 일주일이 지난 뒤 용기를 내어 음료수를 주며 말을 걸었고 어느덧 도서관에서 만나는 친구가 되었다.

"유후, 바람도 상쾌하고 꽃도 피고 좋구나!"

"봄이 왔네. 봄이 왔어! 천하의 천연물에게도 봄이 왔네. 그런데 어떻게 돼가고 있어?"

"어? 그냥 대화하는 친구? 그 정도도 난 감사하지."

"야, 그러다가 다른 사람이 낚아채 가면 어떻게 해? 내 친구 중 한 명도 그렇게 하다가 다른 남자한테 뺏겼다고 하더라. 어서 고백해."

귀가 얇은 천연물은 친구들의 말에 휘말려 얼떨결에 고백을 하기로 결심했다. 천연물은 장미꽃과 초콜릿을 사서 중앙 분수대로 향했지만 귀 털을 다듬어야 한다는 사실을 잊어버렸다.

"많이 기다렸지? 휴, 수업이 빨리 안 끝나더라고. 그런데 이건 웬 거야?"

"저…… 저기…… 나 널 조…… 좋아해. 내 여자 친구가 되어 줘."

천연물은 눈을 질끈 감고 고백했고 눈을 살며시 뜨자 베아트리체는 곤란하다는 표정으로 이야기 했다.

"저기, 미안하지만 난 널 친구 이상으로 생각해 본 적이 없어. 좋은 친구여서 참 좋았는데…… 미안해."

그 이후 베아트리체는 도서관에 나타나지 않았고 연락도 하지 않았다. 천연물은 첫사랑에게 차이고 이바람에게 가서 다시 도움을 청했지만 고백은 너무 일렀다며 이미 차인 건 어쩔 수 없다는 대답만 할 뿐이었다. 천연물은 괜한 친구들만 원망하며 슬픔의 구렁텅이에 빠져 방황하였다.

"산은 산이되 물은 물이로다. 하지만 천연물은 천연물이 아니다."

"야, 힘내. 그럴 수도 있는 거지."

"이게 다 너희들 때문이야! 나의 베아트리체. 흑, 이런 커플들! 내 눈앞에서 사라져 버려!"

천연물의 친구들은 미안한 표정으로 있다가 각자 여자 친구를 만나러 떠나 버렸고 천연물 혼자 덩그러니 남아 도서관 앞 벤치에 앉아 있었다. 그런데 어디선가 낯익은 목소리가 들렸다. 바로 베아트리체였다! 천연물은 기쁜 마음에 베아트리체를 부르려고 일어났다. 그 순간…….

"오빠, 여기!"

베아트리체는 어디론가 손을 흔들었고 잠시 후 훤칠한 키에 빼어난 외모를 가진 남자가 눈부신 미소를 지으며 베아트리체에게 다가섰다.

"많이 기다렸지?"

"아니, 나도 방금 왔어. 어서 가자."

"참, 너 전에 고백받았던 애는 어떻게 됐어?"

"어떻게 되긴, 그 이후로 만난 적도 없는걸."

"어떤 남자였는데?"

"아유, 난 태어나서 그렇게 귀에 털 많은 남자는 처음 봤어."

둘은 웃으면서 어디론가 가 버렸고 천연물은 이제야 차인 이유를 알고 자신의 귀 털에 저주를 퍼부었다.

"이놈의 귀 털! 다 뽑아 버려야지! 아아악!"

천연물은 절망에 빠져 방 안에 콕 처박혀 나오지 않았다. 그런 아들이 걱정된 천연물의 어머니는 비상용 열쇠로 문을 열고 천연물의 방 안으로 들어갔다.

"왜 들어오셨어요?"

"너 밥도 안 먹고 이렇게 방에만 처박혀 있을 거니? 도대체 무슨 일이야?"

"이게 다 엄마 때문이야! 왜 날 괴물로 태어나게 했냐고!"

"네가 어딜 봐서 괴물이야?"

"귀 털 좀 봐요. 이게 사람 귀 털이야? 다 엄마 때문이야!"

어머니는 전혀 예상 밖의 이야기에 당황하였다. 거기다 자신을 왜 그렇게 낳아 줬냐고 원망하는데 기가 막혀 할 말이 없었다.

"나 때문이기는 무슨! 답답하면 너희 아빠한테 가서 물어봐라. 너희 아빠도 귀 털이 많으니까. 나 참 살다 살다 별 이상한 일을 다 겪네."

"갑자기 거기서 내 이야기는 왜 나와?"

"연물이 귀에 털 많은 게 내가 그렇게 낳아 준 탓이라잖아요. 당신이 귀 털이 많은데 당신 탓이지 왜 그게 내 탓이에요?"

"아니 그게 꼭 내 탓인가? 장인어른도 귀에 털이 많더구먼."

천연물은 자신을 이렇게 낳아 준 사람이 대체 누구냐며 부모님께 따졌고 이 일은 부부 싸움으로까지 번졌다. 결국 가족은 누구 탓인지 알아보자고 생물법정에 의뢰했다.

귓속에 털이 나게 하는 유전자는 X와 Y의 성염색체 중에
Y염색체 상에 존재하기 때문에 남자에게만 나타나는 현상입니다.

여기는 생물법정

천연물이 귀에 털이 많은 것은
누구의 영향일까요?
생물법정에서 알아봅시다.

재판을 시작하겠습니다. 귀에 털이 많은
사람들이 있다고 합니다. 귀에 털이 많은
것은 어떤 원인에 의해서 일어나는 현상
인지 알아봅시다. 생치 변호사 변론하십시오.

귀에 털이 많은 것은 부모로부터 물려받은 유전에 의해서가
아닙니다. 사람마다 털이 좀 많은 사람들이 있습니다. 귀에
털이 많은 것도 개인적 차이에 의한 것이지 부모님께 물려받
은 것이 아닙니다.

의뢰인의 아버지나 외할아버지께서 귀에 털이 많다고 하는데
유전에 의해서가 아니면 단지 우연의 일치인가요?

인간은 진화해 온 동물입니다. 유인원은 몸에 털이 많은데 진
화할수록 몸에 있는 털이 줄어들고 있지요. 의뢰인의 가족은
아직 진화가 덜 되어서 그런 것 아닐까요? 하하하!

진화가 덜 되었다면 의뢰인의 가족이 유인원에 가깝다는 겁
니까? 의뢰인의 가족이 기분이 나쁠 수 있겠군요.

그렇게 들렸다면 죄송합니다. 어쨌든 귀에 털이 많은 것은 유
전이 아니라고 생각합니다.

비오 변호사는 의뢰인의 가족이 귀에 털이 많은 원인이 무엇이라고 생각하는지 변론하십시오.

저는 생치 변호사와 의견이 정반대입니다. 귀에 털이 많은 것은 분명 유전에 의한 것입니다.

어떻게 유전이라고 확신합니까?

귀에 털이 많은 것이 유전에 의한 현상이라는 사실을 설명해 주실 증인이 자리하고 계십니다. 유전학 연구소의 최고털 소장님을 증인으로 요청합니다.

증인 요청을 받아들이겠습니다.

풍체가 아주 큰 40대 후반의 남성은 머리숱이 엄청나게 많아 얼굴의 절반이 머리카락으로 뒤덮였으며 손이나 팔에도 털이 아주 많았다.

귀에 털이 많은 것은 어떤 원인에 의한 것입니까?

귀에 털이 많은 것은 단순한 개인의 체질에 의해서 나타나는 것이 아닙니다. 그것은 부모로부터 물려받은 것입니다.

부모님으로부터 유전자를 물려받을 때는 어머니와 아버지로부터 하나씩을 받는데 어느 분에게서 받은 유전자입니까?

귀에 털이 많은 것은 성염색체에 유전자가 포함되어 있어 성염색체를 물려받을 때 같이 받게 되는 것입니다. 그런데 이

유전자는 X와 Y의 성염색체 중 Y염색체에 포함되어 있기 때문에 남자에게만 나타나는 현상입니다.

🧑 의뢰인이 귀에 털이 많은 것은 Y 성염색체를 아버지로부터 물려받았기 때문에 나타나는 것이군요.

🧑 맞습니다. Y 염색체처럼 한쪽의 성에만 있는 염색체에 어떤 유전자가 존재하는 경우 그 형질은 항상 한쪽 성에만 나타나며 이와 같이 어느 한쪽 성에만 형질이 제한적으로 나타나는 유전 현상을 한성 유전이라 합니다. 귀에 털이 많은 것도 한성 유전 때문이며 Y염색체에 털이 많이 나는 유전자가 포함되어 있기 때문에 Y 성염색체를 가진 남성에게만 나타나는 것입니다.

🧑 그렇다면 의뢰인의 외할아버지께서 귀에 털이 많은 것은 의뢰인과는 관계가 없습니까?

🧑 의뢰인의 외할아버지께서도 Y 성염색체에 귀에 털이 많이 나는 유전자가 포함되어 있습니다. 하지만 외할아버지의 딸, 즉 의뢰인의 어머니는 여성이므로 Y 성염색체가 유전되지 않습니다. 따라서 의뢰인은 외할아버지와는 무관하게 귀에 털이 많은 아버지에게서 Y 성염색체를 받았기 때문에 의뢰인도 귀에 털이 많은 것입니다.

🧑 귀에 털이 많은 사람들은 유전에 의해 물려받은 것이며 어머니와 상관없이 아버지에게서 받은 성염색체입니다. 의뢰인의 부모님께서는 더 이상 다투지 않으셔도 되겠군요.

 의뢰인이 귀에 털이 많은 것은 아버지로부터 선물을 받은 거로군요. 부모님으로부터 물려받은 귀한 유전자에 대해 불만을 가지는 것보다 다른 사람이 갖지 못한 것을 자신의 개성이라고 생각하는 편이 좋지 않을까 합니다. 이상으로 재판을 마치겠습니다.

염색체

염색체는 세포핵 속에 포함되어 있는 실타래 모양의 구조를 말하며 생물의 종류나 성에 따라 수가 동일하다. 염색체는 유전이나 성 결정에 중요한 역할을 하며 세포핵의 분열이 시작되면 염기성 색소에 짙게 염색되는 막대기 모양으로서 뚜렷하게 보인다.

재판이 끝난 후, 자신으로 인해 부부 싸움하게 된 것을 미안하게 생각한 천연물은 부모님께 죄송하다고 말했다. 그리고 귀에 털이 많다는 이유로 자신의 진심을 몰라 준 베아트리체를 포기하기로 했다.

큰 집 사람들은 이상해!

가족들과는 달리 작고 마른 임수전은 돌연변이일까요?

"오늘은 큰아버지 생신이라 가족 모임에 가야 하니
까 다들 일찍 들어와. 그런데 막내는?"

"공부하러 갔어요. 2주 후에 시험이 있다네요."

"막내한테 연락해서 5시까지 들어오라고 해."

임걱정의 아내인 홍길순은 막내딸인 임수전에게 전화를 걸었다.
잠시 뒤 임수전은 조그마한 목소리로 전화를 받았다.

"수전이니? 오늘 일찍 들어와라. 큰아버지 생신이라서 가족 모
임에 가야 하니까."

"아까 나올 땐 그런 말씀 없으셨잖아요."

"나도 깜빡했지 뭐니. 어쨌든 5시까지 들어오렴."

"친구들하고 약속 있는데……."

"너 올 때까지 기다릴 테니까 될 수 있으면 5시까지 들어와."

전화를 끊은 임수전은 기분이 별로 좋지 않았다. 언제부터인가 나가기 싫은 가족 모임. 사실 오늘 가족 모임을 할 것이라고 예상하고 일부러 친구들과 약속을 잡았지만 피해 갈 수는 없었다.

"무슨 걱정 있어? 얼굴이 안 좋아 보여."

"음료수나 마시자. 아유, 일이 또 꼬였어."

임수전은 짜증을 부리며 친구인 한가은과 도서관 매점으로 향했다. 임수전은 우유를 사서 벌컥벌컥 마시고는 탁자 위에 탁 놓고 푸념을 하였다.

"어릴 때 우유를 지금처럼 마셨으면 얼마나 좋아? 지금 마셔 봤자 소용도 없는데."

"왜, 골다공증 예방하고 좋잖아. 여자에게 골다공증이 얼마나 치명적인데."

"그게 문제가 아니잖아. 넌 키 커서 좋겠다."

"내가? 나도 작은 거야."

"네가 작은 거면 나는 난쟁이겠다."

평소 같지 않게 신경질적으로 말하는 임수전을 보고 한가은은 왜 그런 건지 도대체 영문을 몰랐다.

"너 가족 모임 때문에 그런 거야? 가족 모임에 가면 좋잖아. 오랜만에 친척들도 만나고 덤으로 용돈도 받고."

"용돈도 받고 놀림도 받고."

임수전은 이를 바득바득 갈며 머리를 흔들었다. 그러다 목이 타는지 우유를 하나 더 사서 마셨다.

"난 가족 모임 자체가 스트레스야. 만날 나보고 넌 다리 밑에서 주워 왔다느니 하늘에서 뚝 떨어졌다느니 그러지 않고서는 우리 집안에서 이렇게 키 작고 마른 아이는 있을 수가 없다면서……."

"너희 집안 사람들은 전부 키 크고 뚱뚱해?"

"어, 이상하게 전부 그래. 요즘은 내 동생도 나보다 더 커서 어른들이 나더러 넌 키 안 크고 뭐했냐고 그런다니까. 나는 뭐 키 안 크고 싶어서 안 컸나?"

임수전은 화가 나다 못해 슬퍼지기까지 했다. 한가은은 임수전을 토닥거리면서 달래 주었다.

"그래도 넌 날씬해서 웬만한 옷은 다 입을 수 있잖아. 오늘 네 기분을 보아하니 공부하기는 다 글렀고 쇼핑이나 하러 가자. 너 여름 옷 필요하다고 그랬잖아."

임수전은 한가은과 도서관을 나와서 여름 옷을 사러 나갔다. 임수전은 마른 몸 덕에 웬만한 옷은 다 맞았기 때문에 여름에 맞는 섹시한 옷을 샀다.

"다녀왔습니다."

"일찍 들어왔네? 옷 산 거니? 어머, 예쁘다."

홍길순은 임수전이 사 온 옷을 보며 옷이 참 섹시하다며 좋아했다. 그 옆에 있던 언니 임수미는 부러운 눈길로 수전의 옷을 바라보았다.

"아, 나도 옷 사야 하는데…… 엄마 나 옷이 하나도 없어요."

"너한테 맞는 옷이 있기는 하니? 올해는 제발 살 좀 빼라."

"알았어요!"

"왜 또 화를 내고 그러니? 내가 틀린 말 했어?"

임수미와 홍길순은 늘 그랬듯이 임수미의 다이어트 문제로 말다툼을 하였다. 임수전은 엄마와 언니가 싸우든 말든 사 온 옷으로 갈아입고 가족 모임에 가게 되었다. 큰아버지 생신이라 그런지 이번에는 멀리 사는 친척들까지 큰아버지 댁에 모였다. 명절 이후 처음으로 온 가족이 다 모인 것이다.

"아유, 오빠네는 올해 이사 갈 계획 없수? 올 때마다 느끼는 거지만 집이 좁아."

고모는 몸을 움직이며 투덜거렸다. 그러자 큰아버지는 너털웃음을 지으며 말했다.

"우리 집이 좁은 게 아니라 우리 집 사람들이 뚱뚱해서 그래. 허허. 그리고 보면 수전이는 편해서 좋겠다. 요리조리 쏙쏙 피해서 앉을 수도 있고."

어느덧 가족들 대화의 화살은 임수전으로 향했다. 임수전은 가족들의 지나친 관심과 눈빛이 부담스러워졌다.

"넌 아직도 삐쩍 말라서 그게 뭐니? 언니, 애 좀 먹여요. 누가 보면 굶기는 줄 알겠네."

"내가 먹으라고, 먹으라고 해도 도대체 먹지를 않아요. 나도 포기했다니까."

"여자 애가 저렇게 삐쩍 말라도 보기 안 좋아. 적당히 살집이 있어야지."

집안 어른들은 임수전이 너무 말랐다며 한소리씩 했다. 임수전은 또 시작이다 싶어서 한 귀로 듣고 한 귀로 흘리려고 했다.

"키도 땅딸막해서 어디다 써먹누? 이제 언니보다 동생이 더 크니 누가 보면 수전이가 막내인 줄 알겠네. 호호."

"수전이가 더 작나? 어디, 둘이 한번 서 보렴."

어른들은 임수전이 가장 싫어하는 동생과의 키 재기를 시키려고 하였다. 임수전은 그만 하라고 말하고 싶었지만 차마 용기가 나지 않아 굳은 표정으로 서 있었다. 한참 성장기인 동생은 임수전보다 아주 조금 더 컸고 임수전보다 더 뚱뚱했다.

"어머, 정말 수림이가 더 크네. 거기다 살집도 있어서 꼭 수림이가 언니 같네. 호호."

어른들은 깔깔거리며 웃었다. 임수전은 속으로 울분을 참은 채 겉으로는 웃고 있었다.

"그런데 키 크는 것도 유전이라는데 수전이는 왜 키가 작을까?"

임수전의 사촌 오빠 한마디에 가족들은 모두 궁금하다는 듯 한

마디씩 하였다.

"그래, 우리 옆집 사람들도 다 키가 큰데 그 집안 자체가 다들 키가 크다고 하대."

"네, 제 친구는 키가 작은데 친구네 식구 모두 다 키가 작대요."

"그러고 보면 살찌는 것도 유전이라는데 우리 집에서 수전이만 키가 작고 삐쩍 말랐어."

가족들은 각자 아는 사람들이 그 집안 사람들과 체형이 다 비슷하다고 말했다. 그러면서 우리 집안에서는 유독 임수전만 키가 작고 마른 것이 이상하다며 갸우뚱거렸다.

"그럼 수전이는 돌연변이인가?"

"에이, 수전아. 너 그 말 못 들었어? 할머니가 너 저기 다리 밑에서 주워 왔어."

"그래, 나도 그때를 기억하지 암. 허허!"

가족들은 늘 그래 왔듯 임수전을 놀리기 시작했다. 임수전은 놀림당할 때마다 한쪽 귀로 듣고 한쪽 귀로 흘려보내려고 애썼지만 그날따라 너무 화가 났다.

"키와 몸무게는 유전이라고 말할 수 없어요!"

가족들은 임수전이 갑자기 화를 내자 놀랐다. 임수전은 씩씩거리며 더 말을 이었다.

"물론 키와 몸무게는 어느 정도 유전적인 것이 작용하지만 그게 전부라고 말할 수 없어요. 제가 왜 키가 안 컸는지는 잘 모르겠지만 그것 가지고 돌연변이니 다리 밑에서 주워 왔다느니 확신할 수 없다고요."

임수전의 말을 듣던 사촌 오빠가 갑자기 질문을 던졌다.

"그럼 우리 집 사람들은 모두 키가 크고 몸무게가 많이 나가는데 왜 너만 안 그런지 설명해 봐."

임수전은 갑자기 할 말이 없어졌고 집안 식구들은 또다시 임수전이 돌연변이라며 놀리기 시작했다. 임수전은 이제 더 이상 놀림을 받을 수 없다고 결심하고 중대한 발표를 하였다.

"그럼 키가 크고 뚱뚱한 우리 집안에서 키 작고 날씬한 제가 나올 수 있었던 이유를 생물법정에서 밝혀 달라고 의뢰하겠어요."

키나 몸무게는 유전적인 영향을 받지만
유전보다 환경적인 영향을 더 많이 받습니다.

키와 몸무게는 유전될까요?
생물법정에서 알아봅시다.

여기는 **생물법정**

재판을 시작하겠습니다. 의뢰인의 가족은
대부분 키가 크고 뚱뚱한 반면 의뢰인은
키가 작고 마른 이유가 무엇인지 알아보
도록 하겠습니다. 생치 변호사 변론하세요.

가족 모두가 키가 크고 뚱뚱한 이유는 유전에 의한 현상입니
다. 가족 전체의 키와 몸무게가 비슷한 것으로 보아 키와 몸무
게도 유전에 의해서 물려받는 것이라고 판단할 수 있습니다.

키와 몸무게가 비슷한 원인이 유전이라면 의뢰인은 왜 키가
작고 마른 겁니까?

의뢰인이 부모님으로부터 정상적으로 유전이 되었다면 키가
크고 뚱뚱했을 겁니다. 하지만 의뢰인은 돌연변이이기 때문
에 집안의 내력에 반하는 키 작고 마른 체형인 것입니다.

의뢰인이 키가 작고 마른 이유가 돌연변이 때문이라니 의뢰
인의 입장에서는 듣기 싫은 말일 것 같군요. 돌연변이라는 결
론을 내린 생치 변호사의 의견에 대해 비오 변호사의 변론은
어떤지 들어보겠습니다.

저도 생치 변호사의 말처럼 키와 몸무게는 유전에 의해 자손

에게 물려질 수 있다고 봅니다. 하지만 키나 몸무게가 부모로
부터 무조건 똑같이 유전되는 것은 아닙니다. 키와 몸무게의
유전에 대해 증인을 모셔서 변론하도록 하겠습니다. 인체유
전학을 전공하신 나잘난 박사님을 증인으로 요청합니다.

🧑 증인 요청을 받아들이겠습니다.

키가 크고 체격이 좋은 40대 후반의 남성은 모든 일에 으뜸임을
자부하는 성격을 가진 사람으로 머리 크기, 손 크기, 목소리 크기
까지 모든 것이 매우 큰 사람이었다.

🧑 키와 몸무게는 부모로부터 유전되는 것입니까?

🧑 유전된다고 볼 수 있습니다. 하지만 똑같이 유전되지는 않습
니다.

🧑 똑같이 유전되지 않는다는 말은 어떤 의미인가요?

🧑 키와 몸무게는 단일한 인자의 유전에 의한 것이 아닙니다. 여
러 개의 유전자가 복합적으로 관여하기 때문에 유전이 되더
라도 비슷하게 유전될 확률이 커지는 것이지 부모님이 키가
크다고 자녀가 무조건 큰 것은 아닙니다. 즉, 키가 큰 부모에
게서도 작은 아기가 태어날 수 있습니다. 이처럼 키와 몸무게
는 여러 개의 인자들에 의해 복합적으로 나타나는 다인자 유
전을 합니다.

 다인자 유전이라면 유전 인자가 많다는 의미인가요?

 그렇다고 볼 수 있습니다. 사람의 피부색, 키, 몸무게와 같은 유전 형질은 그 표현형이 우성과 열성의 두 가지로 간단하게 구분되지 않고 연속적으로 매우 다양하게 존재합니다. 이것은 형질이 한 쌍 또는 두 쌍의 유전자의 상호 작용으로 결정되는 것이 아니고 여러 쌍의 유전자들이 복합적으로 작용하기 때문인데 이러한 유전 현상을 다인자 유전이라고 합니다.

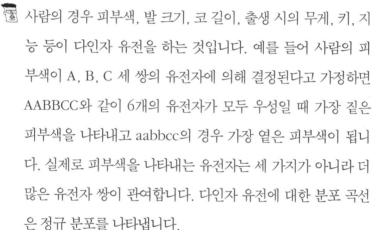 다인자 유전을 하는 것은 어떤 것이 있습니까?

사람의 경우 피부색, 발 크기, 코 길이, 출생 시의 무게, 키, 지능 등이 다인자 유전을 하는 것입니다. 예를 들어 사람의 피부색이 A, B, C 세 쌍의 유전자에 의해 결정된다고 가정하면 AABBCC와 같이 6개의 유전자가 모두 우성일 때 가장 짙은 피부색을 나타내고 aabbcc의 경우 가장 옅은 피부색이 됩니다. 실제로 피부색을 나타내는 유전자는 세 가지가 아니라 더 많은 유전자 쌍이 관여합니다. 다인자 유전에 대한 분포 곡선은 정규 분포를 나타냅니다.

 정규 분포라면 어떤 부모에게서 태어나도 키가 큰 사람과 키가 작은 사람 모두 태어날 수 있다는 것이군요.

그렇습니다. 정규 분포를 나타내기 때문에 키가 보통인 사람끼리 결혼을 하면 키가 큰 사람과 키가 작은 사람이 태어날 확률이 키가 보통인 사람이 태어날 확률보다 작다는 것이지

불가능한 것은 아닙니다. 따라서 키가 큰 가족들 사이에서 키가 작은 사람이 태어날 수 있으며 이것을 돌연변이라고 말하는 것은 비약입니다. 돌연변이가 아니라 정상적인 유전에 의한 결과입니다.

돌연변이

부모의 계통에는 없었던 새로운 형질이 유전자 또는 염색체의 변이로 인하여 돌연히 자손에게 나타나, 그것이 유전되는 현상을 돌연변이라고 부른다.

 그렇다면 키나 몸무게는 모두 유전에 의해 결정되는 것은 아닙니까?

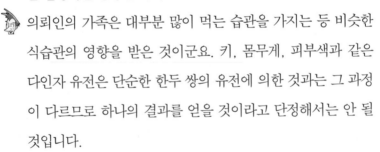 키나 몸무게는 유전적인 영향을 받지만 환경적인 영향도 많이 받습니다. 즉, 의뢰인의 경우 집안 가족들이 전부 몸무게가 많이 나가는 것은 유전보다 식생활이 비슷해서 나타나는 현상이라고 보는 것이 좋겠습니다. 물론 키도 마찬가지로 유전보다는 환경적인 영향을 많이 받는 것입니다.

의뢰인의 가족은 대부분 많이 먹는 습관을 가지는 등 비슷한 식습관의 영향을 받은 것이군요. 키, 몸무게, 피부색과 같은 다인자 유전은 단순한 한두 쌍의 유전에 의한 것과는 그 과정이 다르므로 하나의 결과를 얻을 것이라고 단정해서는 안 될 것입니다.

생치 변호사의 말처럼 의뢰인이 돌연변이가 아니라 정상적인 유전에 의해 나타난 결과라니 너무 걱정하지 마세요. 키와 몸무게와 같은 형질들은 유전에 의해서 영향을 받기는 하지만 환경의 영향도 많이 받기 때문에 운동을 열심히 하고 식습관

을 보강하면 의뢰인도 건강한 체격을 가질 수 있다고 판단됩니다. 유전적으로 집안 가족들의 키나 몸무게가 작은 집안은 좋은 식습관과 꾸준한 운동을 유지하는 것이 좋겠습니다. 이상으로 재판을 마치도록 하겠습니다.

판결 후 임수전은 자신이 돌연변이가 아닌 것에 대해서는 안심이 되었지만, 키가 작고 마른 자신의 몸이 맘에 들지 않아 매일 우유도 먹고 운동도 열심히 했다.

'5cm만 더 크자! 5kg만 더 찌자!'

흰쥐는 알비노 쥐?

흰쥐는 행운을 가져다주는 쥐일까요?

"뭔가 또 돈 벌 일이 없을까? 이 지겨운 라면 좀 그만 먹을 수 있는 방법이 없나?"

백수인 사기군은 오늘도 라면을 먹으면서 신세한탄을 하였다. 대학을 졸업하고 나서 남들보다 취직을 빨리했지만 자신은 회사가 맞지 않는다며 주변의 만류에도 불구하고 한 달 만에 사표를 내고 나왔다. 그리고 지금껏 줄곧 간단한 아르바이트로 돈을 벌어 겨우 생활하고 있었다. 그런 그에게는 무엇을 해야겠다는 뚜렷한 목표가 없었고, 다만 한 가지 목표가 있다면 부자가 되는 것이었다.

"오늘 로토 당첨 날인데, 어디 보자."

그는 어제 산 복권의 번호를 맞추기 시작했지만 역시나 꽝이었다. 사기군은 복권을 잔뜩 구겨 휴지통에 던져 버렸다.

"역시 그런 거지 뭐. 나 같은 게 무슨 당첨 운이 있어? 대충 치워 놓고 일이나 하러 가야겠다."

사기군은 여기저기 흩어 놓은 옷을 주섬주섬 주워 한쪽에 쑤셔 박아 놓고 복권 번호를 확인하기 위해 펼쳐 둔 신문을 다시 접기 시작했다. 그때 사기군의 눈에 흥미로운 기사 하나가 들어왔다.

"한 시골 마을에서 흰 사슴이 태어나? 길조의 상징? 신기하네. 어떻게 흰 사슴이 나올 수 있는 거지? 흠, 알비노라…… 그건 또 뭐야?"

사기군은 알비노라는 말에 머리를 긁적였다. 그러던 중 굉장한 아이디어가 떠올랐다.

"흰색이 알비노라면 흰쥐도 알비노 아닌가? 오호, 행운을 부르는 쥐라고 해서 팔면 되겠다. 으흐흐, 내가 왜 진작 그 생각을 못했지?"

사기군은 흰쥐를 사기 위해 여기저기 뛰어다녔지만 생각보다 쥐 값이 비쌌다. 그래서 전 재산을 털어 수컷과 암컷 쥐 두 마리만 사서 사육했고 쥐들이 새끼를 낳아 어느 정도 팔 수 있는 마리 수가 되었다.

"그나저나 이 쥐를 어디에 팔지? 음, 초등학교 앞에서 팔까? 병아리도 파는데 쥐라고 못 팔겠어?"

사기군은 새끼 흰쥐들을 들고 집에서 제일 가까운 초등학교로 향했다. 우선 두 박스 안에 새끼 쥐들을 마구잡이로 넣은 후 한 박스에는 암 컷, 다른 한 박스에는 수컷이라고 적고, 암컷은 5천 원, 수컷은 4천 원이라고 덧붙였다.

"너무 비싼가? 하지만 내가 흰쥐를 살 때보다는 싸니까 괜찮겠지 뭐."

사기군은 초등학생들이 오길 기다렸다. 방과 후 한두 명씩 교문 밖을 나서기 시작했고 이내 사기군 주위로 초등학생들이 바글거리기 시작했다.

"우아, 귀엽다. 아저씨, 이거 쥐 맞죠?"

"그래, 행운을 가져다주는 쥐란다."

"행운을 가져다준다고요? 왜요?"

"너희 뉴스 봤지? 흰 사슴이나 흰 뱀이 나오면 행운의 상징이라고 하잖아. 그런 것처럼 흰쥐도 행운의 상징이란다."

초등학생들은 신기하다는 듯 계속 쥐를 보고 있었다. 그중에는 쥐를 손에 올려놓고 좋아하는 아이도 있었고 징그럽다면서 몸서리치는 아이도 있었다.

"아저씨 그런데 이거 정말 암컷 맞아요? 그런데 왜 암컷이 더 비싸요?"

"암컷은 새끼를 낳기 때문이지. 쥐는 새끼를 아주 많이 낳는단다."

하지만 선뜻 사겠다는 아이는 없었다. 왜냐하면 5천 원과 4천 원은 초등학생에게는 매우 비싼 가격이었기 때문이다. 구경하는 아이들은 많고 사는 아이는 없자 사기군은 슬슬 짜증이 나기 시작했다. 그래서 쥐를 만지려는 초등학생에게 괜히 만지면 죽는다며 심술을 냈고 초등학생들은 아쉬운 마음에 멀찌감치 서서 바라볼 수밖에 없었다. 그중 희귀 동물을 좋아하는 초등학생인 이엔나는 손으로 지갑을 꼼지락거리며 고민하고 있었다.

'어제 용돈을 받기는 했는데 암컷이랑 수컷을 다 사면 용돈을 다 쓰게 될 테고 그렇다고 한 마리만 사면 새끼는 낳을 수 없고…… 어떻게 하지?'

이엔나가 계속 고민하고 있는 사이 사기군은 장사를 접으려고 하였고 이엔나는 서둘러 사기군을 불렀다.

"아저씨, 잠시만요."

"왜? 이제 구경은 그만 해. 오늘 장사도 안 되고 일찍 접고 가야지 이거 원."

"아저씨, 암컷을 사는 게 좋을까요, 수컷을 사는 게 좋을까요?"

사기군은 눈을 번뜩이며 이엔나에게 쥐를 팔기 위해 열심히 잔머리를 굴렸다.

"두 마리 다 사는 게 좋을 거야. 왜냐하면 이 아저씨도 세계 곳곳을 뒤져서 겨우 암컷과 수컷 흰쥐를 찾았거든? 그래서 이렇게 새끼를 낳아서 파는데 만약 네가 둘 중 한 마리만 사면 새끼도 못 낳고 혹시 다른 쥐 사이에서 새끼를 낳는다고 해도 흰쥐는 나올 수 없어."

이엔나는 사기군의 말을 듣고 마음이 동요하기 시작했다. 이엔나의 흔들리는 눈빛을 본 사기군은 이제 거의 다 넘어왔다 싶어서 거짓말을 또 하였다.

"그리고 이 아저씨가 흰쥐를 산 이후에 우리 집은 부자가 되었단다. 그러니 암컷, 수컷 두 마리 사서 새끼를 많이 낳으면 그만큼 행운이 더 오지 않겠니?"

"흠, 좋아요. 두 마리 주세요."

"네, 꼬마 아가씨."

사기군은 친절하게 웃으면서 새끼 쥐 두 마리를 건네주었고 이엔나는 새끼 쥐를 조심스럽게 받아서 집으로 가져갔다.

"다녀왔습니다."

"엔나 왔니? 어머! 그게 뭐니!"

이엔나의 엄마는 새끼 쥐를 보며 까무러칠 뻔했다. 거기다 새끼 쥐를 들고 싱글벙글 웃고 있는 이엔나가 더 기가 막힐 노릇이었다.

"엄마, 이건 행운을 가져다주는 쥐래요. 이거 파는 아저씨네 집도 부자가 됐다고 했으니까 우리 집도 부자가 될 거예요."

"엔나야, 그거 얼마 주고 샀니?"

"두 마리에 9천 원 주고 샀어요."

"애가 용돈 받은 지 얼마나 됐다고 그걸 다 쓰니? 당장 갖다 주고 돈 다시 받아 와."

"싫어요. 내가 키울 거예요."

이엔나는 방으로 쏙 들어가 방문을 걸어 잠갔고 속이 답답해진 엄마는 문밖에 서서 주먹으로 가슴만 쿵쿵 치고 있었다. 저녁쯤 되자 큰아들인 이민오가 돌아왔다.

"엄마, 무슨 일 있어요? 표정이 안 좋아 보이는데요?"

"아니 엔나가 흰쥐를 사 왔지 뭐니? 그래서 환불하라니까 싫다고 저렇게 방문을 잠그고 나오질 않아."

이민오는 이엔나의 방문을 두드려 엔나를 불렀고 이엔나는 조심스럽게 방문을 열어 주었다.

"너 쥐 샀다며? 오빠 좀 보여 줄래?"

"응, 오빠만 봐야 해."

이엔나는 조심스럽게 흰쥐들을 들고 왔고 이민오의 손바닥에 살짝 올려놓았다.

"오빠, 이거 파는 아저씨가 이 쥐는 행운을 가져다주는 쥐래. 텔레비전에서 나온 흰 사슴이나 흰 뱀같이 말이야."

그 말을 들은 이민오는 동생이 귀엽기도 하고 동생을 속인 장사꾼이 괘씸하기도 했다.

"엔나야, 이 쥐는 몰모트라고 과학을 연구하는 사람들이 주로 쓰는 실험용 쥐야."

"어? 아니야. 아저씨가 세계 곳곳을 다 뒤져서 겨우 찾았다고 하던걸?"

"몰모트는 쉽게 구할 수 있어. 애완동물 파는 곳에서도 살 수 있는걸? 아저씨가 너에게 팔려고 거짓말한 거야."

이엔나는 자신이 속았다는 사실을 알고 마음의 상처를 받았다. 이민오는 이엔나를 토닥거리며 말했다.

"우리 집에는 몰모트 말고도 엔나가 좋아하는 동물들이 많으니까 이 쥐는 아저씨께 돌려주자. 내일 엄마랑 같이 가, 알았지?"

다음 날 이엔나는 엄마와 함께 사기군에게 갔다. 사기군은 여전히 초등학교 앞에서 흰쥐를 팔고 있었고 그 주변에는 초등학생들이 많았다.

"아저씨, 이거 받고 애 돈 돌려주세요. 세상에 실험용 쥐를 행운의 쥐라면서 애를 속여요? 기가 막혀서."

사기군은 눈을 부릅뜨고 큰소리치는 이엔나의 엄마 때문에 기분이 팍 상했다.

"아줌마가 뭘 모르시나 본데 이 흰쥐는 보통 쥐가 아니라 알비노 쥐에요. 알비노 몰라요? 무식하면 가만히 계세요."

"하하, 알비노? 쉽게 볼 수 있는 쥐를 가지고 행운의 쥐로 둔갑시키는 게 말이 돼요? 어서 환불해 주세요. 세상에 돈이 없어도 그렇지 애들 돈이나 빼앗고 순 사기꾼 아니야?"

사기군은 그 말을 듣고 욱해서 이엔나의 엄마와 옥신각신했고 결국 생물법정에 가서 결판을 내기로 했다.

알비노는 열성 유전으로 색소 유전자 cc를 가질 경우,
멜라닌 색소를 합성할 수 없기 때문에 흰색으로 나타납니다.

흰쥐는 알비노일까요?
생물법정에서 알아봅시다.

재판을 시작하겠습니다. 흰쥐는 어떻게 흰색을 나타내는 건지 알아보도록 하겠습니다. 원고 측 변호사, 흰쥐의 색이 흰색인 이유는 무엇인가요?

피고는 초등학교 앞에서 어린이를 상대로 흰쥐를 팔았습니다. 순진한 아이들은 피고의 거짓에 속아 흰쥐를 샀습니다. 이엔나 역시 피고의 거짓말을 진실로 알고 암컷과 수컷 흰쥐 두 마리를 구입했습니다. 하지만 피고가 초등학생들에게 판매한 쥐는 몰모트라고 불리는 실험용 쥐입니다. 주위에서 아주 흔하게 구입할 수 있는 실험용 쥐를, 희귀하고 행운을 가져다주는 쥐로 둔갑시켜 판매한 피고는 초등학생들에게 거짓말한 책임을 면할 수 없을 겁니다.

피고가 아이들에게 판매한 흰쥐가 알비노라고 주장하는 것에 대해선 어떻게 생각합니까?

알비노라뇨? 아닙니다. 피고는 아이들에게 거짓으로 가짜 흰쥐를 판매했습니다.

생치 변호사의 말처럼 피고가 어린아이들에게 거짓말을 했다

면 죗 값은 커질 것입니다. 생치 변호사는 피고가 아이들에게 판매한 흰쥐가 알비노가 아니라고 주장합니다. 피고 측의 변론을 들어 보겠습니다.

피고가 아이들에게 흰쥐를 많이 팔기 위해서 상업적으로 거짓말한 것은 인정합니다. 하지만 피고가 말한 거짓은 세계 곳곳을 뒤져서 겨우 흰쥐를 찾았다는 것과 흰쥐를 가져서 부자가 되었다는 것입니다. 이는 아이들을 속이긴 했으나 크게 잘못되었다거나 금전적인 이윤을 취했다고 볼 수는 없습니다. 무엇보다도 흰쥐가 알비노가 아닌데도 알비노라고 속여서 판매를 했다면 법적인 책임을 져야 하지만 실제로 피고가 아이들에게 판매한 흰쥐는 분명 알비노입니다.

아까부터 계속 알비노를 얘기하는데 알비노가 정확하게 무엇인가요?

알비노에 대한 자세한 설명을 위해 증인을 요청합니다. 증인은 생물 유전 학회의 최색조 회장님입니다.

증인 요청을 받아들이겠습니다.

얼굴과 손을 하얗게 화장한 50대 초반의 여성은 검은 머리를 가졌던 사람인지 알 수 없을 정도로 밝게 물들인 머리를 하고 있었다.

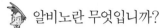

 알비노란 무엇입니까?

 알비노란 선천적으로 멜라닌 색소가 결
핍되어 온몸이 흰색인 개체를 말합니다.
색소는 C유전자로 나타내는데 알비노는
열성 유전으로 cc유전자를 가질 경우,
멜라닌 색소를 합성할 수 없기 때문에
흰색으로 나타나는 것입니다.

동물에서 나타나는 갈색, 흑색 등은 멜라
닌 색소에 의해 나타나며 포유류의 경우도 이 색소가 피부에
분포하고 있어 피부색이 나타나는 것입니다. 멜라닌 색소가
결핍된다는 것은 멜라닌 색소를 합성하는 유전자에 이상이
생긴 것을 의미합니다. 이 유전자의 이상은 유전되며 부모에
게 이러한 유전자 이상이 있을 경우 흰색 피부의 자녀가 태어
날 수 있습니다. 이것을 백화증이라고 합니다.

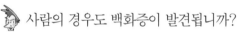 사람의 경우도 백화증이 발견됩니까?

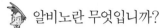 물론 발견된 경우가 있습니다. 실제로 흑인 부부 사이에서 이
란성 쌍둥이가 태어났는데 한 아이는 완전히 흑인이었지만
다른 아이는 피부색, 머리카락 색 등이 완전히 백인과 같았습
니다. 그러나 피부색이 하얀 아기도 입술 모양, 골격, 머리카
락 모양, 기타의 특징은 흑인 고유의 특징이 나타났습니다.

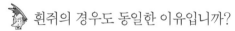 흰쥐의 경우도 동일한 이유입니까?

멜라닌

멜라닌은 흑갈색을 띠는 색소로 자외선으로부터 피부를 보호하고 체온을 유지해 주는 기능을 한다. 멜라닌은 피부, 털, 눈 등에 존재한다. 햇볕에 많이 노출된 사람일수록 자외선으로부터 피부를 보호키 위해 멜라닌이 많이 생성되기 때문에 피부가 검다.

흰쥐는 알비노가 맞습니다. 흰쥐뿐 아니라 흰 토끼나 흰 뱀도 알비노입니다. 멜라닌 색소가 결핍되는 유전자 이상이 있는 경우로 이 유전자 이상은 유전되어 같은 흰색 동물과 교배하면 계속 흰색을 얻을 수 있습니다.

피고가 어린이들에게 거짓말한 것은 사실이지만 흰쥐는 분명 멜라닌 색소 이상을 나타낸 알비노가 맞군요. 바가지를 씌우거나 거짓으로 판매한 것은 아닙니다.

유전자 이상으로 멜라닌 색소가 결핍되는 경우가 있다는 것은 굉장히 놀라운 사실입니다. 황인종이나 흑인종에서도 백인종처럼 하얀 피부를 가진 사람이 태어날 수 있다니 아주 신기하군요. 흰쥐는 보통의 쥐와는 다른 유전자 이상으로 태어난 알비노임이 입증되었습니다. 따라서 피고는 아이들에게 거짓말한 것에 대해선 인정해야 하지만 알비노가 아닌 쥐를 판매한 것은 아니므로 아이들에게 사과하는 것으로 재판을 마치도록 하겠습니다.

씨 없는 수박

씨 없는 수박은 보통 수박과 어떤 점이 다를까요?

며칠 감지 않은 기름진 더벅머리, 언제부터인가 아예 면도도 하지 않아 덥수룩하게 난 수염, 꼬질꼬질한 옷까지 모든 게 다 귀찮은 귀차나는 오늘도 텔레비전 리모컨만 만지작거리며 하루를 시작했다.

"아유, 냄새나는 것 좀 봐. 좀 씻어라, 이 녀석아! 바깥 공기도 좀 쐬고."

"어차피 씻어도 더러워지는 거 씻어서 뭐 해요. 수염은 깎아도 또 나고. 귀찮아, 귀찮아."

귀차나는 마지못해 청소를 하면서 자신을 타박하는 엄마의 말을 한 귀로 듣고 한 귀로 흘리는 여유까지 부렸다. 머리가 가려워 머리를 긁으면 잔뜩 떨어지는 비듬에 동생 귀여움은 구역질까지 나올 지경이었다.

"오빠 때문에 친구들도 집에 못 데리고 오잖아. 내 친구들 오빠는 다들 멋있고 깔끔하던데 오빠는 왜 그런지 몰라."

"그들하고 나는 달라. 나는 나대로 사는 거야. 허허."

귀여움은 오늘도 말이 통하지 않는 오빠를 보고 분한 마음에 자신의 가슴을 툭툭 치고는 밖으로 나갔다. 동생의 마음을 아는지 모르는지 귀차나는 텔레비전을 보며 허허 웃기만 했다.

"엄마, 나 배고파요. 밥 줘요."

"화장실 가는 것도 귀찮다고 하지 왜?"

"아무리 귀찮아도 먹고 살아야지요. 먹는 게 내 유일한 낙인데."

모든 일에 귀찮아하며 움직이기 싫어하는 귀차나였지만 먹는 것만큼은 남들에게 뒤지지 않을 정도로 많이 먹었다. 귀차나는 머슴처럼 우걱우걱 게걸스럽게 먹은 뒤 트림을 꺼억 하고 다시 벌러덩 누워 텔레비전을 보았다.

"엄마, 딸기."

"딸기는 무슨, 지금 여름이라서 딸기 구하기도 쉽지 않아. 포도 먹어."

"포도는 싫어요. 씨 뱉는 게 얼마나 귀찮은지 알아요?"

"저놈의 귀찮아, 귀찮아. 혼자 있으면 굶어 죽기 딱 좋겠네. 포도나 먹어! 포도는 원래 씨까지 씹어 먹는 거야."

엄마는 아랑곳하지 않고 귀차나에게 포도를 주었다. 귀차나는 마치 더러운 걸 보듯이 눈을 내리깔고 포도를 보다 한 알을 따서 입속으로 쏙 집어넣고 엄마가 말한 대로 씨를 씹어 먹었다. 그러나 곧 쓴맛 때문에 퉤 뱉어 버렸다.

"엄마는 무슨 생각으로 이걸 씹어 먹으라는 거야? 쓰기만 하네. 내 사랑 딸기는 왜 봄에만 나는 거야?"

귀차나는 다시 벌러덩 누워서 텔레비전을 보았다. 그러던 중 잠깐 잠이 들었다가 깼는데 집에 아무도 없다는 사실을 알았다. 텔레비전에는 엄마가 남겨 놓은 메모가 붙어 있었다.

엄마는 동창 모임 갔다가 밤늦게 들어올 거야. 여움이는 친구들 만나고 늦게 들어온다고 했고 아버지는 출장 가셨으니까 저녁은 알아서 사 먹어라.

– 엄마 –

"아, 뭐야. 귀찮게 내가 다 챙겨 먹어야 하잖아. 그러고 보니 좀 출출하네. 먹을 거 없나?"

귀차나는 부엌 여기저기를 뒤졌지만 간식으로 먹기에 적당한 게 아무것도 없었다.

"포도밖에 없잖아. 우리가 무슨 포도 마니아도 아니고 이게 뭐야? 과자라도 있으면 좋은데 과자도 없고 나보고 굶어 죽으라는

소리구먼."

귀차나는 투덜거리며 간식거리를 사러 나가기 위해 주섬주섬 옷을 갈아입었다. 나갈 때마다 쓰는 모자를 푹 눌러쓰고 대충 깨끗한 옷으로 입은 뒤에 돈을 챙겨 들고 근처의 큰 마트로 향했다.

"일단 라면을 좀 사고…… 과자는 역시 대형이 최고야. 그리고 딸기는 어디 있지? 헉! 왜 이렇게 비싼 거야?"

귀차나는 비싼 딸기를 보고 실망하며 돌아섰다. 과일이 먹고 싶은 마음에 허탈해 하며 슬리퍼를 질질 끌고 집으로 가는데 허름한 과일 가게가 눈에 띄었다.

"우리 동네에 저런 과일 가게도 있었나? 어? 반값에 과일을 판다고? 딸기도 있을지 몰라."

귀차나는 과일 가게로 들어갔고 가게 안에 있는 방에서 주인이 나왔다.

"어서 오슈, 오늘은 웬 총각이 왔네. 뭘 찾으시나?"

"딸기를 좀 사려고요. 딸기 있나요?"

"딸기는 없는데…… 대신 수박 좀 사 가구려. 오늘 들어온 수박이 참 맛나."

"수박은 싫어요. 씨 뱉는 게 귀찮아서요. 딸기 없으면 갈게요."

귀차나는 가게를 나가려 했고 주인은 애써 귀차나를 붙잡았다.

"그렇게 가면 섭섭하지. 총각이니까 내가 특별히 귀한 수박을 줄게."

귀차나는 수박 중에 귀한 것도 있나 싶어 의심이 생겼지만 그래도 뭘까 하는 호기심에 주인을 기다렸다. 그러나 주인이 들고 나온 수박은 여느 수박과 다를 게 없었다.

　"아저씨, 저랑 장난치시는 거예요? 다른 수박이랑 같구면."

　"에이, 들어 봐. 우리 친척이 연구원인데 씨 없는 수박이라고 나한테 특별히 준거라오."

　"씨 없는 수박이 어디 있어요? 거짓말하시긴."

　"거짓말 아니래도! 나도 어제 하나 먹어 봤는데 다른 수박보다 훨씬 달고 씨도 없어서 먹기 얼마나 편했는데. 사실 이건 팔면 안 되는데 총각이라서 파는 거야."

　주인의 말은 꽤 설득력이 있었고 책에서만 봐 왔던 씨 없는 수박이 눈앞에 있다는 사실이 신기해 귀차나는 수박을 사기로 결심했다.

　"그럼 이 수박은 얼마인데요?"

　"하나에 2만 원."

　"헉! 왜 그렇게 비싸요?"

　"이거 하나 만들려면 2년이 넘게 걸려. 수고에 비하면 엄청 싼 거지. 이때 아니면 언제 먹어 보겠어?"

　귀차나는 주인의 설득 반 강요 반에 결국 씨 없는 수박을 사서 돌아왔고 라면을 끓여 먹었다. 그리고 늘 그랬듯 드러누워 야금야금 과자를 먹으면서 텔레비전을 보았다.

　"아, 목말라. 집에 주스 같은 건 없을 텐데. 맞다! 씨 없는 수박이 있었지?"

귀차나는 냉장고를 열어 수박을 꺼내 반 토막으로 썰었다. 수박
은 잘 익어 안은 새빨간색이었고 보기만 해도 군침이 돌 정도로 먹
음직스러웠다.

"꽤 괜찮네, 흐흐. 그럼 수박을 먹으면서 텔레비전이나 보실까나."

귀차나는 신이 나서 수박을 먹으며 텔레비전을 보았다. 그러나
잠시 뒤 뭔가 딱딱한 것이 씹혀 뱉어 보니 노란 씨가 나왔다.

"뭐 하나 정도는 나올 수도 있겠지."

그러나 먹을 때마다 노란 씨가 자꾸 씹혔고 귀차나는 귀찮다 못
해 짜증이 나서 수박을 들고 당장 과일 가게로 갔다.

"아까 수박 사 갔던 총각 아니오. 어때, 수박 맛있지?"

"아저씨! 씨 없는 수박이라더니 왜 이렇게 씨가 많이 나와요?"

"씨라니? 어디?"

귀차나는 노란 씨들을 가리켰고 주인은 허허 웃으면서 말했다.

"이건 씨가 생기다 만 거지 씨가 아니지. 총각이 뭘 잘 모르는구먼."

"어쨌든 씨가 나왔으니까 보통 수박 값만 받고 차액을 어서 돌려
줘요."

주인은 정색을 하며 거절하였다. 귀차나는 계속 차액을 돌려 달
라고 짜증을 부리다가 결국 생물법정에 고소했다.

일반 수박은 씨가 모든 영양분을 섭취하고 남은 것이 과육에 축적되지만, 씨 없는 수박은 과육으로만 영양분이 축적되므로 일반 수박보다 맛과 당도가 높습니다.

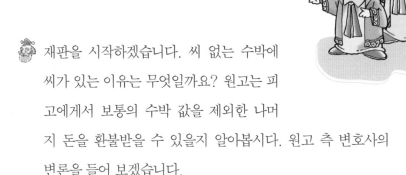

씨 없는 수박에 씨가 들어 있는 이유는
무엇일까요?
생물법정에서 알아봅시다.

재판을 시작하겠습니다. 씨 없는 수박에
씨가 있는 이유는 무엇일까요? 원고는 피
고에게서 보통의 수박 값을 제외한 나머
지 돈을 환불받을 수 있을지 알아봅시다. 원고 측 변호사의
변론을 들어 보겠습니다.

피고는 수박씨가 수박을 먹는데 귀찮게 만들어 수박 구입을
꺼려 하는 원고에게 씨를 골라낼 필요가 없다며 씨 없는 수박
을 팔았습니다. 하지만 씨가 없다던 수박에는 씨가 많았고 보
통의 수박 값을 제외한 나머지 돈을 환불해 달라는 원고의 요
구를 거절했습니다. 씨 없는 수박이라며 판매해 놓고 씨가 있
는데도 돈을 환불해 주지 않는 피고는 자신의 잘못을 인정하
고 원고에게 수박 값을 환불해 줄 것을 요구합니다.

씨 없는 수박에 씨가 많다니 어떻게 된 겁니까?

그거야 뻔합니다. 씨가 있는 수박인데 씨 없는 수박이라고 피
고가 원고에게 거짓말한 것입니다.

거짓말을 했다고요? 그렇다면 당연히 환불을 요구할 권리가
있지요. 정말 거짓말한 것인지 피고 측의 변론도 들어 보고

판단을 내려야겠습니다. 피고 측 변론하십시오.

 피고가 원고에게 판매한 수박은 씨 없는 수박이 맞습니다.

수박을 먹어 본 원고는 분명 씨가 있다고 합니다. 어떻게 된 겁니까?

 씨 없는 수박에 대해 증인을 모시고 말씀드리겠습니다. 생물 유전 학회의 한교배 회장님을 증인으로 요청합니다.

증인 요청을 받아들이겠습니다. 증인은 앞으로 나오십시오.

왜소한 체격의 50대 후반으로 보이는 남성은 어른 머리 두 배만 한 큰 수박을 들고 끙끙거리며 증인석으로 나왔다.

 씨 없는 수박은 어떻게 만들어진 것입니까?

씨 없는 수박은 염색체 수가 3배체인 수박을 말하며, 수박에 식물 독성인 알칼로이드 성분의 콜히친을 처리하여 나타나는 염색체의 배수성을 이용한 것입니다. 1947년 일본의 유전학 자 기하라 히토시가 만들었으며, 1952년 우장춘 박사가 처음 소개하였습니다. 즉 정상인 유전자는 2배체 싹을 가지는데 여 기에 콜히친 처리를 하여 4배체를 얻고, 이것을 다시 2배체와 교배시키면 3배체의 씨가 생깁니다. 이것을 심어서 얻은 열매 가 바로 씨 없는 수박입니다.

 씨 없는 수박에는 정말 씨가 없습니까?

 수박 속에 씨가 전혀 없는 것이 아니라 비록 씨는 있으나 그 씨 자체가 종자로서의 구실을 못하는 것을 말합니다. 종자로서의 구실을 못하기 때문에 땅에 심어도 싹이 나지 않아 3배체 외에 꽃가루받이용으로 일반 품종을 재배해야 씨 없는 수박을 수확할 수 있습니다.

> ### 교배와 수정
>
> 교배는 동물이나 식물의 암수 개체를 인위적으로 수정시켜 다음 세대를 얻는 일을 말하며, 수정은 암수 개체의 생식 세포가 결합해 하나로 합쳐지는 현상을 뜻한다. 또한 실제로 암수의 배우자가 결합하는 과정은 수정이라고 한다.

 재배하는 방법 이외에 일반 수박과 별다른 차이는 없습니까?

 재배하는 방법뿐 아니라 일반 수박보다 맛과 당도가 뛰어나다는 점에서 차이가 있습니다.

 일반 수박보다 맛과 당도가 높은 이유는 무엇입니까?

 일반 수박은 종자가 모든 영양분을 섭취하고 남은 것이 과육에 축적되지만, 씨 없는 수박은 씨가 영양분을 흡수하지 않고 과육에만 영양분이 축적되므로 일반 수박보다 맛과 당도가 높습니다.

 그렇다면 씨 없는 수박을 많이 재배하는 것이 맛과 당도의 측면에서 훨씬 좋겠군요.

 맛과 당도의 측면에서는 그렇다고 볼 수 있겠지요. 그러나 그에 따른 기술적인 문제뿐 아니라 수확기가 늦고 기형 과실이 발생하는 등의 문제점이 있어 많이 이용하지는 않습니다.

 피고가 원고에게 판매한 수박은 씨 없는 수박이 맞습니다. 원

고는 피고에게 속아서 수박을 산 것이 아니며 씨가 완전히 없는 것은 아니지만 씨가 가져갈 영양분이 모두 수박의 과육으로 가서 일반 수박보다 맛과 당도가 높기 때문에 원고가 산 수박은 높은 가격만큼의 가치가 있다고 판단됩니다.

원고가 피고에게 구입한 수박은 정상적인 씨 없는 수박이라고 판단됩니다. 따라서 피고의 수박이 일반 수박보다 맛과 당도가 뛰어났을 것입니다. 원고는 씨를 골라내는 것이 귀찮다고 씨 없는 수박을 구입했지만 씨 없는 수박이 원고의 '귀차니즘'에 찬물을 끼얹어 법정까지 오게 하였군요. 늘 집에만 있으려 하고, 모든 일에 귀찮아하는 것은 좋지 못한 습관이며 잘못하면 건강을 해칠 수도 있습니다. 이 기회에 '귀차니즘'으로부터 벗어나면 좋겠습니다.

재판이 끝난 후에도 귀차나의 어머니는 절대 딸기를 사다 놓지 않았다. 따라서 귀차나는 포도를 먹든, 수박을 먹든 씨를 골라내야 하는 번거로움을 매번 경험하게 되었고, 자기도 모르게 조금씩 사소한 것에 대한 번거로움을 느끼지 않게 되었다. 얼마 후에는 자신이 직접 포도를 씻어서 먹기까지 했다. 원고는 자신의 귀차니즘을 반성했다. 그리고 누구보다 성실 근면한 사람으로 다시 태어났다.

남자와 여자의 구별법

입 안쪽 점막의 상피 세포만으로 성별을 구분할 수 있을까요?

사건속으로

과학공화국에는 이상한 회사가 하나 있었다. 그곳은 사장부터 말단 직원까지 전부 여자였고 일명 '금남의 회사' 라고 불렸다. 그런 금남의 회사는 과학공화국에서 여성 화장품 시장을 거의 독점할 만큼 엄청나게 큰 회사였다. 때문에 경쟁 회사들은 금남의 회사가 어떻게 여성 화장품 시장을 독점할 수 있었는지 화장품 성분이나 제조 방법 등의 정보를 캐내려고 애를 썼다.

"들었어? 화장품에 이어서 여성들을 위한 웰빙 식품도 출시했다는데?"

"으악, 이제 식품까지 넘보는 거야? 그 회사는 도대체 어떤 회사이기에 그런 거지?"

화장품에 이어 식품 산업까지 뛰어든다는 소문에 기존 식품 회사들은 잔뜩 긴장하고 있었다. 그야말로 금남의 회사는 사슴 무리에 나타난 사자였다. 이 소식을 들은 식품 회사의 경영진들은 식품 개발팀이나 마케팅 부서에 압력을 가했고 말단 사원들은 하루하루가 지옥이었다.

여자의 몸은 여자가 잘 안다. 여자에게 꼭 맞는 웰빙 음료. 20차

"웃기고 있네."

머거 회사 식품 개발팀 부장은 20차 광고 전단지를 잔뜩 구겨서 쓰레기통에 던져 버렸다. 자신이 애써 개발한 녹차 음료가 20차라는 음료수 때문에 묻혀 버려서 기분이 몹시 상했기 때문이다. 그리고 앞으로 금남의 회사에서 출시될 음료수가 무엇인지 몰랐기 때문에 만약 아이템이 겹치는 날이면 말짱 도루묵이 될 신세였다.

"부장님, 이거 해커를 고용해야 하는 거 아닙니까? 화장품 회사도 금남의 회사와 신상 아이템이 겹쳐서 망한 회사들이 한둘이 아닌데."

"그러게. 나도 정말 그렇게 하고 싶다. 하지만 그곳의 전산망이 워낙 철벽이라 뚫은 사람이 아무도 없대."

이렇듯 금남의 회사는 매우 영향력이 있었고 때문에 이 회사에 입사하려는 여자들이 많았다. 하리순도 그중의 한 사람으로 지금까지 오직 금남의 회사의 사원이 되기 위해 노력했다고 해도 과언이 아니었다.

"난 꼭 금남의 회사 사원이 되고 말 거야!"

하리순은 금남의 회사 입사 성공 사례들을 읽으며 나름대로 열심히 분석하였고 드디어 기다리고 기다리던 신입 사원 채용 공고가 떴다.

하리순은 그동안 갈고닦았던 실력을 마음껏 펼치겠다는 각오로 입사 지원서를 내기 위해 당당하게 금남의 회사 로비로 갔다. 그곳에는 이미 많은 여자들이 줄을 서서 지원 접수를 하였고 하리순은 그들을 보며 콧방귀를 꼈다.

'너희들이 아무리 발버둥쳐 봤자 이번에 뽑힐 신입 사원은 바로 나라고.'

드디어 하리순의 차례가 되었고 하리순은 이력서와 함께 준비해 온 여러 서류들을 냈다. 그러나 접수관은 당황스러운 주문을 했다.

"침을 채취해야 하니까 입을 벌려 주세요."

"아니 침을 왜 채취해야 되죠?"

"우리 회사 방침이니까요. 싫으면 관두든지."

"아니에요, 아……."

접수관은 하리순의 침을 채취하였고 하리순은 찝찝한 기분이 들었지만 시키는 대로 했으니 별 문제 없을 거라며 금방 잊어버렸다.

하리순은 1차 서류 전형에 무사히 합격했고 2차 면접을 보기 위해 며칠 전부터 모은 면접관들이 좋아하는 차림의 자료를 토대로 가장 적합하다고 생각하는 차림으로 회사를 갔다. 1차 접수 때보다 지원자가 반 이상 줄어들었지만 여전히 많은 사람들이 면접을 보기 위해 기다리고 있었고 지금까지 뭐든 당당한 하리순이었지만 이 날만큼은 가슴이 쿵쾅거렸다.

"234번, 하리순 씨 안으로 들어오세요."

하리순은 떨리는 마음을 진정시키고 가장 우아한 워킹으로 면접실로 들어갔다. 면접관들은 역시나 여자들이었고 매우 매서운 눈으로 하리순을 바라보았다.

"안녕하세요, 준비된 신입 사원 하리순입니다."

하리순은 준비를 탄탄히 잘해 왔던 터라 면접관들의 질문에 또박또박 답변을 하였고 마지막에는 면접관들과 농담까지 할 정도로 분위기가 좋아졌다.

"하리순 씨가 꼭 우리 회사에 들어와 좋은 사원이 되었으면 좋겠네요."

면접관이 마지막으로 한 말이 하리순에게는 매우 희망적으로 들렸다. 면접관들의 태도도 긍정적이었기에 자신은 꼭 붙을 거라는 확신까지 들었다.

"면접 잘 봤니?"

"네, 엄마. 면접관들과 농담까지 할 정도로 분위기가 아주 좋았다니까요."

"그래, 네가 여자로 다시 태어났으면 여자로서 당당하게 살아야지."

하리순은 사실 남자에서 여자로 성전환한 사람이었다. 초반에는 부모님의 반대가 심했고 스스로도 고민을 많이 했지만 결국 여자로서 살아가기로 결심하여 성전환 수술을 했던 것이었다. 그 후 하리순은 남자일 때보다 더 당당해졌고 때문에 하리순의 주변 사람들은 하리순이 원래부터 여자였던 것처럼 생각하게 되었다.

"아, 드디어 합격자 발표 날이네. 난 당연히 합격이겠지? 검색! 어?"

하리순은 자신의 눈을 의심하였다. 합격자 명단에 자신의 이름이 없었기 때문이다. 아무리 다시 검색을 해 보아도 결과는 마찬가지였다. 하리순은 결과를 믿을 수 없었다.

"분명 면접관들도 분위기가 좋았고 난 질문에 또박또박 대답도 잘했어. 그런데 왜?"

하리순은 떨어진 이유라도 알아야겠다 싶어 금남의 회사 인사담당과에 전화를 걸었다.

"네, 금남의 회사 인사과 이진숙입니다."

"이번에 신입 사원에 지원해서 면접까지 본 사람인데요, 제가 떨어진 이유를 알고 싶네요."

"이름이랑 번호를 말씀해 주세요."

"이름은 하리순이고요, 번호는 234번이요."

전화기 너머로 부산하게 키보드를 두드리는 소리가 들렸고 잠시 후 이진숙은 황당하다는 듯이 말했다.

"남자 분이시네요. 그러니 당연히 떨어졌죠."

"네? 전 여자인데요. 제가 어딜 봐서 남자라는 거예요?"

"성별 검사 결과 남자라고 나왔네요. 뭐 여장하고 장난삼아 오신 겁니까? 황당하네."

하리순은 기분이 확 상해서 전화를 끊고 금남의 회사의 인사과를 찾아갔다.

"아까 전화 드린 하리순이에요. 눈이 있으면 똑바로 보시라고요. 제가 어딜 봐서 남자예요?"

인사과는 술렁이기 시작했다. 분명 겉으로 보기엔 틀림없는 여자였기 때문이다.

"그런데 성별 검사라니요? 그런 건 받은 적이 없는데 언제 한 거죠?"

"서류 지원하실 때 침 채취하셨죠? 그게 성별 검사예요."

"말도 안 돼. 남자랑 여자가 침이 다른가요?"

"그런 건 아니지만……."

"이건 저에 대한 모독이에요. 고작 침으로 남자와 여자를 구분한

다는 것 자체가 이상한 거라고요. 이렇게 부당한 대우를 받은 이상
가만있지 않겠어요."

하리순은 생물법정에 금남의 회사를 고발했다.

뺨 안쪽을 살짝 긁어 내면 점막의 상피 세포를 얻을 수 있는데
여자의 세포를 염색하면 검게 염색된 방울 모양의
바소체가 관찰되지만 남자에게서는 관찰되지 않습니다.

침으로 성별 검사를 할 수 있을까요?
생물법정에서 알아봅시다.

🧙 재판을 시작하겠습니다. 금남의 회사의
입사 지원 자격은 여자만 되나 보군요. 그
런데 어떻게 침으로 남녀를 구별할 수 있
다는 건지 원고 측 변론하십시오.

🐱 사람은 크게 성별로 남녀를 구분합니다. 하지만 성적인 역할
이 다른 신체 구조를 제외하고는 기본적인 신체 조건은 비슷
하다고 봅니다. 그러면 침은 어떨까요? 당연히 남녀의 침은
특별한 성적인 차별을 가지지 않습니다. 따라서 침으로 남녀
를 구별했다는 것은 믿을 수 없으며 원고를 남자로 본다는 것
도 인정할 수 없습니다. 원고는 면접까지 완벽하게 통과하였
는데 침 성분을 검사하여 남자라는 이유로 회사에 입사할 수
없다는 것은 받아들일 수 없는 결과입니다. 원고의 입사 지원
거부에 대해 다시 고려해 줄 것을 요구합니다.

🧙 실제로 원고는 남성이었습니다. 침 조사를 통해 남녀를 구별
하지 않았다면, 겉으로 봐서는 누구도 남자라고 믿을 수밖에
없는 원고를 회사 측에서는 어떻게 알 수 있었겠습니까?

🐱 다른 정보를 통해서 알아봤을 수도 있지 않을까 하는 생각이

듭니다. 어쨌든 얼마 전까지 원고는 남자였으므로 몇 군데만 유심히 봐도 원고가 남자였다는 사실은 쉽게 알 수 있었을 테니까요.

생치 변호사 말씀처럼 다른 정보를 통해서 알아봤다면 본인의 허락도 없이 개인의 중요한 정보를 얻었으므로 불법적인 행위입니다. 회사 이미지도 있고 혹시 잘못되어 불법적인 행위를 한 사실이 발각되면 큰일이기 때문에 그리 간단한 문제는 아닙니다. 피고 측에서는 면접 때 원고의 침을 채취해서 성별을 알았다고 하는데 침이 성별을 구별하는데 이용될 수 있을까요? 피고 측 변론을 들어 보겠습니다.

성별 검사에는 여러 가지 방법이 이용되는데 그중에서 쉽게 이용되는 방법이 침 검사를 이용하는 것입니다. 침을 통해 성별을 구별하는 방법을 설명해 줄 증인을 요청합니다. 증인은 과학 병원의 해결사 박사님입니다.

증인 요청을 받아들이겠습니다.

50대 초반으로 보이는 남성은 두 손 가득 면봉을 쥐고 증인석에 나왔다.

침을 통해 성별을 구별하는 것이 가능합니까?

침 검사는 성별 검사에서 흔히 활용하는 방법입니다.

 남녀의 침 성분이 다른 건가요?

 그것은 아닙니다. 남녀의 침 성분이 다른 것이 아니라 뺨 안쪽을 살짝 긁어내는 것입니다.

 뺨 안쪽의 무엇을 채취하기 위한 건가요?

 침의 성분 검사는 남녀 성별과는 무관하고 X염색체와 관련이 있습니다. 뺨 안쪽을 살짝 긁어내면 점막의 상피 세포를 얻을 수 있는데 여자의 상피 세포를 염색하면 검게 염색된 방울 모양의 바소체가 관찰되지만 남자에게서는 관찰되지 않습니다.

 점막의 상피 세포는 무엇인가요? 바소체도 처음 들어보는 것 같은데요?

 많은 생식 기관의 내벽인 점막의 상피 세포는 동물의 몸 표면이나 내장 기관의 내부 표면을 덮고 있는 세포를 말하며 바소체란 세포가 성장하기 위해 분열하는 중간의 간기 시기에 진하게 염색되는 이질 염색질 덩어리로 불활성화된 X염색체입니다. 남자는 하나의 X염색체를 가지는 데 비해 여자는 두 개의 X염색체를 갖고 있습니다. 남자와 여자 모두 하나의 X염색체 유전자는 활성화되지만 이때 여자는 불활성화된 X염색체가 하나 남아 바소체가 생기게 되는 거죠. 그러므로 불활성화된 X염색체를 가지는 것은 여성뿐입니다.

 바소체는 어떻게 생겼습니까?

 바소체는 불활성화되어 응축된 X염색체로 백혈구에서는 북

상피 세포

동물의 몸 표면이나 내장 기관의 표면을 덮고 있는 세포를 상피 세포라고 한다. 상피 세포의 가장 큰 역할은 우리 몸을 보호하는 것이다.

채 모양으로 나타납니다. 이러한 남녀 성별 검사는 운동선수의 성별 검사에 유용하게 이용되고 있습니다.

 원고는 침 검사를 통해 남녀를 구별하는 일이 절대 불가능하다고 했지만 실제로 침을 채취할 때 뺨 안쪽 상피 세포를 통해 구별이 가능합니다. 금남의 회사의 규정상 남자의 입사는 금지되므로 입사가 되지 않았던 겁니다.

 원고는 이미 성전환을 했습니다. 남자로서 세상을 살아가기를 포기하고 여자의 길을 선택했다고 보아도 무방합니다. 만약 원고가 호적이나 다른 모든 신분도 여성으로 전환이 되었음이 확인된다면 사회 모든 구성원은 원고를 여성으로 인정해야 합니다. 원고의 모든 신분이 명확하고 여성으로 인정된다면 금남의 회사 측에서는 원고의 입사를 다시 고려해야 할 것입니다. 이상으로 재판을 마치겠습니다.

재판이 끝난 후 금남의 회사에서는 하리순의 입사 여부에 대한 회의를 했다. 비록 성전환을 하기는 했지만 면접 때 좋은 인상과 뛰어난 능력으로 높은 점수를 받았기에 결국 금남의 회사에서는 하리순을 입사시키기로 했다.

　　며칠 후, 입사 소식을 들은 하리순은 당당하게 금남의 회사에 출
근했다.

귀하신 고양이

맹크스 고양이가 귀한 대접을 받는 이유는 뭘까요?

"토머스, 오 나의 귀여운 고양이 이리 온. 호호."
사모님은 오늘도 애완용 고양이인 토머스를 무릎
위에 앉혀 놓고 고양이를 쓰다듬어 주었다. 이 집
에서 서열 3위라고 불리는 고양이 토머스는 맹크스 고양이로 사모
님 남편인 회장님마저도 함부로 할 수 없는 귀한 존재였다. 때문에
이 집에 고용된 사람들은 토머스가 미운 짓을 하더라도 어떻게 할
수가 없었다.

"욕실 담당, 우리 토머스 오늘 목욕시켜야 하니까 준비해 둬."
욕실 담당자인 이연생은 그 즉시 고양이 전용 욕실에 있는 욕조

에 따뜻한 물을 채우고 최고급 아로마 에센스를 섞은 뒤 마지막으로 장미 꽃잎을 뿌렸다. 그리고 우아한 클래식을 틀어 놓았다.

"오늘도 수고했어. 토머스, 이리 와. 목욕해야지. 오늘도 목욕하기 싫어 도망가면 혼내 줄 거야."

사모님은 욕실 문을 걸어 잠그고 토머스를 씻기는 데 한창이었다. 물론 욕실 밖에서는 젖은 토머스를 신속하게 말리기 위한 최고급 순면 수건과 드라이어가 대기 중이었다.

"고양이가 무슨 왕도 아니고 매일 이게 뭐람."

"조용히 해. 그러다가 너도 한씨처럼 잘릴지도 몰라."

"한씨가 잘린 이유가 뭐였죠?"

"고양이 밥을 챙기다가 고양이가 무슨 사람보다 귀하냐는 말을 해서 바로 그날 잘렸잖아."

둘은 소곤거리며 이야기하다 욕실 문이 열리는 소리에 멈칫했다. 다행히 사모님은 둘의 대화를 듣지 못한 것 같았다.

"아유, 오늘은 토머스가 웬일로 얌전히 있어서 무사히 마칠 수 있었어. 어서 털 닦고 말려야 감기에 걸리지 않지."

사모님은 열심히 수건으로 토머스의 젖은 털을 닦고 드라이어로 털을 말렸다. 그러나 토머스의 털을 손질하려는 순간 고양이털 전용 빗이 없다는 사실을 알았다.

"일 이따위로 할 거야? 한두 번 하는 것도 아니고 어서 빨리 빗 가져와!"

사모님의 불호령에 이연생은 덜덜 떨면서 빗을 가져왔다. 사모님은 상냥한 표정으로 토머스의 털을 빗겨 주다가 다시 무서운 얼굴로 변해서 불호령을 내렸다.

"한 번만 더 이런 일이 발생하면 그땐 당장 짐 쌀 각오해! 토머스 가자."

사모님은 쌀쌀맞게 쌩 가 버렸고 이연생은 거의 울음을 터뜨릴 지경이었다.

"내가 저 고양이 때문에 제명에 못 산다, 못 살아!"

이연생을 도와주던 대장김은 이연생을 달래며 말했다.

"네가 아직 일한 지 얼마 안 돼서 적응이 안 되는 것뿐이야. 우리가 저 고양이만도 못한 취급을 받는 게 서럽기는 하지만 어쩌겠어? 다 같이 힘내자고."

이연생은 그날 이후 실수를 하지 않으려 노력하였다. 항상 목록을 작성하여 빠진 것이 없는지 살펴보았고 사모님이 부르지 않는 이상 될 수 있으면 안 마주치려고 애썼다.

그러던 어느 날, 사모님이 느닷없이 여행을 떠나야 한다며 부랴부랴 여행 채비를 하고 있었다. 사모님의 여행은 고용인들에게는 곧 휴가이기에 모두들 속으로 쾌재를 부르고 있었다.

"욕실 담당자 어디 있어? 욕실 담당자."

이연생은 휴가를 떠날 생각에 기분이 좋아 날아갈 것 같았는데 전혀 생각지도 못한 일이 일어났다.

"미안하지만 우리 토머스 좀 맡아 줘야겠어. 우리 토머스가 조금 아파서 수의사가 여행에 데려가지 말라지 뭐야. 속상하지만 어쩌겠어."

이연생은 휴가를 뺏긴 것도 억울했지만 천적과도 같은 토머스를 맡아야 한다는 사실이 지옥 같았다. 그래서 어떻게든 빠져나가려고 그 짧은 순간에 방법을 생각해 냈다.

"제가 맡는 건 영광이지만 아직 토머스를 맡기에는 무리가 있어요. 대신 제 친구 중에 고양이 다루는 데 전문가가 있거든요. 그 친구를 잠깐 부르는 게 어떨까요?"

사모님은 잠시 골똘히 생각하다가 이연생의 제안이 마음에 들었는지 그렇게 하라고 했다. 그러나 이연생은 더 큰 고민이 생겨 버렸다. 사실 친구 중에 고양이 전문가가 없었기 때문이다.

"어쩜 좋지? 대충 넘기기는 했는데…… 참! 금영이가 아르바이트 구한다고 했었지?"

이연생은 당장 친구인 김금영에게 전화를 걸었다. 아르바이트를 애타게 구하고 있었던 김금영은 아르바이트의 내용은 듣지도 않고 당장 승낙했고 사모님은 이연생을 믿고 여행을 떠났다.

"우아, 역시 부잣집은 뭔가 다르구나. 으리으리하다."

김금영은 집을 둘러보면서 계속 감탄하였다. 고용인들이 모두 휴가를 떠나고 아무도 없는 집에서 김금영은 마치 주인인 양 굴었다.

"여기 차 한 잔만 가져다줘요. 나는 늘 갓 볶은 원두커피만 마시는 거 알지? 호호호! 그런데 내가 하는 아르바이트라는 게 이 집 지키는 거야?"

"아니, 저 고양이 지키는 거."

"엥? 너 농담하는 거지? 내가 고양이를 얼마나 싫어하는데!"

"농담 아니야. 저 고양이 잘못되면 어떻게 될지 몰라. 그냥 제때 밥만 잘 챙겨 주고 어디 도망 안 가게 감시만 하면 돼. 그럼 부탁한다."

이연생은 김금영의 말도 듣기 전에 쏙 빠져나가 버렸고 집에 혼자 덩그러니 남은 김금영은 허탈감과 막막함이 엄습해 왔다.

"나 참, 내가 가장 싫어하는 고양이랑 이 집에서 먹고 자라고? 절대 못하지. 그런데 이 고양이는 특이하게 꼬리가 없네? 꼭 토끼 같이 생겼네. 고양이는 밖에서 놀아!"

김금영은 토머스를 실외로 쫓아 버렸고 토머스가 뭘 하든 어디를 가든 상관하지 않고 집주인인 것처럼 며칠을 보냈다.

"토머스, 내 사랑 토머스 어디 있니? 엄마 왔어. 토머스?"

여행을 마치고 돌아온 사모님은 토머스부터 찾았지만 어디에도 토머스는 보이지 않았고 대신 소파에 드러누워 자고 있는 김금영을 발견하였다.

"이봐요, 우리 토머스는 어디 있죠?"

"어디 있겠죠. 잘 찾아보세요. 괜히 자는 사람 깨우고 그래."

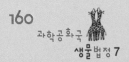

사모님은 집안 곳곳을 다 뒤졌으나 토머스는 보이지 않았고 거의 울음을 터뜨릴 지경이 됐다. 김금영은 그런 사모님을 한심하게 보고 있었다.

"우리 토머스 어디 갔어? 어디 갔냐고!"

"애가 안에만 있는 게 답답해 보여서 밖에다 내놓았어요. 밖에서 신나게 놀고 있겠죠."

사모님은 그 말을 듣자마자 버럭 화를 내었다.

"뭐라고요? 밖에 내보냈다고? 그럼 우리 토머스는 영영 잃어버린 거야? 어쩜 좋아. 이를 어쩔 거냐고!"

"왜 그렇게 호들갑이세요? 고양이 한 마리 잃어버린 것 가지고. 까짓것 한 마리 사 드릴게요."

"너, 그 고양이가 얼마나 비싼 줄 알아? 그 고양이는 국내에선 구할 수 없는 고양이야!"

"길 고양이처럼 생겼던데 괜히 생색이시네."

"고양이 전문가라는 사람이 맹크스 고양이를 몰라? 정말 웃기네. 당장 나가!"

김금영은 5일 동안 집에도 못 가고 집을 지켰는데 수당은 지급하지 않고 고양이 한 마리 때문에 소리 지르는 사모님이 이해가 되지 않았다.

"아무리 그래도 제 수당은 주셔야죠. 제가 집에도 못 가고 이 집을 지켰는데!"

"내 토머스는 당신 월급의 몇백 배야. 고소 안 한 걸 감사한 줄 이나 알아!"

김금영은 사모님의 태도에 욱해서 생물법정에 고소하였다.

고양이의 몸길이는 28~30cm이며 꼬리가 없는 것이 특징입니다. 몸은 가슴이 짧고 뒷다리가 길며 머리와 눈은 거의 원형에 가깝고, 귀는 중간 정도 크기로, 다른 고양이에 비해 둥그렇습니다.

맹크스 유전자는 꼬리를 없게 하는 기형 유전자이며 우성 유전자인데 우성 유전자끼리 만나 한 쌍의 유전자가 되면 여성의 경우 사망하는 혈우병처럼 '치사 유전'을 합니다.

여기는 생물법정

맹크스 고양이는 어떤 고양이일까요?
생물법정에서 알아봅시다.

재판을 시작하겠습니다. 김금영 씨가 5일 동안 일한 수당보다도 고양이가 더 비싸다고 하는군요. 맹크스 고양이가 그렇게 귀한 건가요? 생치 변호사 변론하십시오.

고양이는 우리 주위에서 얼마든지 볼 수 있습니다. 그렇게 흔한 고양이를 고가에 구입하다니 고양이를 좋아하지 않는 저로서는 납득이 되지 않습니다. 어쨌든 김금영 씨는 5일 동안 집에도 가지 못하고 일했는데 수당은 줘야 하는 것 아닙니까?

고양이 주인이 김금영 씨에게 화만 내고 내쫓은 것은 잘못이지만 김금영 씨도 고양이는 밖에 내놓고 돌보지 않았으니 수당을 받을 만큼 일한 것 같지는 않은데요.

그래도 사람을 고용하고 일을 시켰으면 수당을 줘야죠. 그리고 고양이가 답답해하는 것 같아 밖에서 놀라고 내놓은 것이라고 하잖습니까?

저한테 버럭 화를 내는 건가요? 아무튼 고양이를 찾는 문제가 시급한 것 같습니다. 고양이를 보살핀 건지 내버려 둔 건지 구분이 가지 않지만 중요한 것은 맹크스 고양이가 일반 고

양이와 어떤 차이가 있냐는 겁니다. 생치 변호사는 별다를 것
이 없다고 판단하는데 비오 변호사의 의견은 어떤지 변론을
들어 보도록 하겠습니다.

맹크스 고양이의 신체 구조는 유전적으로 보통의 고양이와는
다른 특징을 가집니다.

비오 변호사는 맹크스 고양이가 보통의 고양이와는 다르다는
의견이군요. 맹크스 고양이란 어떤 고양이며 이 고양이가 가
지는 특징은 무엇입니까?

맹크스 유전자를 가진 고양이를 맹크스 고양이라고 합니다.
맹크스 유전자는 꼬리를 없게 하는 기형 유전자이며 우성 유
전자입니다. 또한 우성 유전자끼리 만나 한 쌍의 유전자가 되
면 여성의 경우 사망하는 혈우병처럼 치사 유전을 합니다. 따
라서 맹크스 유전자를 한 쌍 가질 경우는 생명이 위태로울 수
있습니다. 때문에 맹크스 고양이가 나오려면 우성 유전자와
열성 유전자를 각각 하나씩 가지는 잡종 유전이 나와야 하며
둘 다 우성 유전자일 때는 치사 유전하기 때문에 흔히 볼 수
없는 고양이입니다.

맹크스 고양이의 다른 특징은 어떤 게 있습니까?

맹크스 고양이의 몸길이는 28~30cm이며 꼬리가 없는 것이
특징인데, 때로는 짧은 꼬리를 가진 고양이가 태어날 때도 있
습니다. 몸은 가슴이 짧고 뒷다리가 길어서 옆에서 보면 허리

가 어깨보다 높으며 머리와 눈은 거의 원형에 가깝고, 귀는 중간 정도 크기로, 다른 고양이에 비해 둥그렇습니다. 몸통은 작지만 튼튼하고, 특히 뒷다리 근육이 발달하였으며 엉덩이 역시 둥근 모양으로, 걸음걸이는 토끼와 비슷하여 토끼 고양이라고도 불립니다. 털은 속 털과 겉 털로 나뉘는데, 속 털은 두껍고 짧지만, 겉 털은 길고 성질은 온순합니다. 맹크스 고양이의 특이한 체형 탓에 뼈와 관절이 언제든 나빠질 수 있는 약점이 있고 꼬리가 없는 탓에 나이가 들면서 짧아진 척추로 인해 척추 사이가 벌어지거나 관절염으로 엄청난 고통을 수반한 병에 걸릴 확률도 높습니다.

 기형의 몸을 타고난 고양이가 시간이 지남에 따라 아픈 곳이 많아진다고 하니 평탄한 삶을 사는 것은 아닌가 보군요. 역시 정상으로 태어나는 것이 가장 복받은 것이 아닌가 하는 생각이 듭니다. 맹크스 고양이가 흔하지 않다면 분명 가격도 비쌀 것이라고 생각되는데 독특한 신체적, 유전적 특징을 지닌 맹크스 고양이를 방치해 둔 김금영 씨에게 고양이 주인이 고양

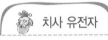

치사 유전자

정상적인 수명보다 더 일찍 개체를 죽음에 이르게 하는 유전자를 치사 유전자라고 한다. 예를 들어, 생쥐의 몸 색깔인 노란색은 다른 색(흑·갈·들쥐색 등)에 대하여 우성인데, 노란색 유전자를 순종으로 가진 쥐는 모두 치사 유전으로 죽는다. 그러므로 노란 쥐는 모두 잡종이다.

이 값을 배상해 달라고 요구하지 않기를 바랄 수밖에 없군요. 맹크스 고양이의 특이성에 대해 알았으니 다음부터 맹크스 고양이를 보게 되면 괜한 문제를 만들기 전에 주인에게 얼른 돌려주는 것이 현명한 방법이겠군요. 하하하!

재판이 끝난 후 비록 수당은 받지 못했지만 배상을 요구받지 않은 것을 다행으로 생각한 김금영은 고양이의 주인에게 사과했다. 고양이 주인은 고양이를 잃어버린 것에 대해 몹시 슬퍼했지만, 다행히 김금영을 용서하기로 했다.

순종을 사랑한 농부

잡종인 노새가 순종만 고집하는 농부에게 사랑받게 된 이유는 뭘까요?

한결벽은 오직 순종만 고집하는 특이한 성격의 소
유자로 소문난 농부였다. 작물을 교배할 때도 꼭
순종인지 확인해 달라고 농업 연구소에 찾아갔고,
그래서 농업 연구소에서 그를 모르면 간첩이라고 말할 정도였다.
심지어 한결벽의 집을 지키는 개마저도 혈통 있는 순종 개였다.

"영감, 오늘 읍내에 장이 서는데 같이 나갑시다. 오랜만에 우리
옷 좀 사고 찬거리도 좀 사야 하지 않겠소?"

한결벽의 아내인 최순종은 남편에게 함께 장에 가자고 했지만
한결벽은 버럭 소리를 지르며 말했다.

"반찬거리야 우리가 농사지은 걸로 먹으면 되고 옷은 큰아이가 백화점에서 사서 꼬박꼬박 보내 준 걸로 충분하지."

"그렇다고 만날 고기나 채소만 먹으면 되겠어요? 해조류도 먹고 해야지."

"해조류는 작은아이가 앞으로 보내 줄 걸로 먹으면 되잖소. 에헴, 읍내 나갈 생각인들 하지도 마."

한결벽은 큰소리를 떵떵 치고는 대문 밖으로 나갔고 최순종은 입을 삐죽거리며 남편 흉을 보았다.

"흥, 읍내에 있는 건 믿을 수 없다고 그냥 말하지 그러오? 읍내 물건도 괜찮은데…… 하여튼 이상한 성격이라니까."

한결벽은 출처가 확실한 제품이 아니면 절대 사용하지 않았다. 특히 품질 표시가 되어 있지 않은 것은 아예 제품 취급도 하지 않았다. 때문에 동네에서는 한결벽을 '명품남'이라고 부르며 비꼬기를 즐겨 했다.

"저기 명품남 지나가네."

"어디어디? 저 옷은 갈룩시 아니요? 저 옷 엄청나게 비싸다고 하던데 저런 차림으로 논에 간다고? 나 참 오래 살고 볼 일이네."

"그 얘기도 들었소? 이번에 콩 심는데 순종인지 잡종인지 알아봐 달라고 농업 연구소 간 거. 콩이 순종이든 잡종이든 뭔 상관이래?"

"그러게 말이오. 집 지키는 개도 혈통 따지는 양반인데 농사는 오죽하겠어? 이번엔 소도 혈통 따져서 무리하게 샀다는데. 아무튼 최씨만 불쌍하지, 저런 괴팍한 사람을 남편으로 두어서."

그러나 한결벽은 마을 사람들의 흉에도 아랑곳하지 않고 늘 순종·명품만을 고집했다. 그런 그에게 시련이 닥쳤으니 그것은 최고급 순종이라며 비싸게 주고 산 소가 영 시원치 않은 것이었다.

"비싸게 주고 샀는데 제 값을 못하고 이렇게 비실비실하면 쓰나. 혈통 있는 소가 말이지! 그나저나 물건을 실어 가야 하는데 이래서야, 휴……."

한결벽은 고민에 싸였다. 소가 비실대고 있으니 당장 물건을 실어 끌 만한 가축이 없었기 때문이다. 그래서 가축 중계업자인 사세요에게 전화를 걸었다.

"나 얼마 전에 소 샀던 한결벽인데, 소가 영 비실거리는데 이거 정말 순종 맞소? 어쨌든 다른 힘 좋은 녀석을 써야겠는데 좋은 가축이 없겠소?"

사세요는 머리가 지끈거리기 시작했다. 불과 얼마 전에 순종을 사야 한다며 엄청 까다롭게 굴어 겨우 소를 샀던 한결벽이었는데 가축을 구입하겠다니 기가 막힐 노릇이었다. 그러다 이번에 한결벽을 제대로 골탕 먹여야겠다는 생각이 들어 사세요는 잔머리를 굴렸다.

"아, 이번에 저 멀리 외국에서 들여 온 동물이 있는데 한번 보실래요? 노새라고 아주 힘 좋은 녀석입니다."

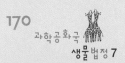

"노새? 처음 들어 보는데…… 일단 그쪽으로 가겠소."

전화를 끊은 뒤 사세요는 가짜 혈통 증명서를 작성하기 시작했다. 이렇게 하는 게 사기라는 건 잘 알고 있었지만 매번 순종만 사겠다며 사람 속을 뒤집는 한결벽을 제대로 골탕 먹여야겠다는 생각에 눈을 질끈 감았다.

"아이고, 안녕하신가? 노새란 녀석을 좀 봅시다."

한결벽은 마음이 급한지 오자마자 노새를 보자고 재촉했고 사세요는 천연덕스럽게 노새를 보여 주었다.

"외래종이라 그런지 희한하게 생겼구먼. 혈통 증명서 좀 봅시다."

사세요는 가짜로 작성한 혈통 증명서를 주었다. 사세요가 일부러 알 수 없게 영어로 적어 둔 탓에 한결벽은 내용도 안 읽어 보고 진짜라고 믿고 도장을 꽝 찍었다.

"이 녀석은 확실히 일 잘한다고 했지요?"

"네, 외국에서도 소문난 품종이에요. 아마 마음에 드실 겁니다."

"그려, 자네만 믿고 사겠소."

한결벽은 비싼 값에 노새를 사서 집으로 돌아왔다. 생각보다 노새는 힘이 좋아 일을 척척 해냈고 한결벽의 마음에 쏙 들었다.

"역시 외국 물을 먹어서 그런지 힘이 장사구먼. 허허."

"영감, 이번 주말에 장남이네가 내려온다는구려."

"그려? 그럼 맛있는 것 좀 많이 준비해야겠네."

한결벽은 큰아들인 장남이네가 내려온다는 말에 신이 나서 밭에 가서 채소도 따고 닭도 잡았다. 며칠 후, 장남이네가 한결벽의 집에 왔고 한결벽의 얼굴에는 함박꽃이 피었다.

"우리 강아지 할아버지가 얼마나 보고 싶었는지 아냐? 안 본 사이에 이렇게 훌쩍 커 버렸구먼. 허허."

손자인 한똑똑은 할아버지와의 인사 후 마당을 둘러보다 노새를 보고 이상한 동물이다 싶어 한결벽에게 물었다.

"할아버지 저 동물은 뭐예요?"

"에, 저건 노새라고 하는 외국에서 건너온 동물이란다. 힘이 아주 장사야."

"아, 저게 책에서 봤던 노새구나."

손자와 할아버지의 대화를 듣던 한장남은 아버지가 웬일이냐는 듯 물었다.

"아버지, 웬일로 노새를 사셨어요? 순종만 고집하시던 분이."

"무슨 소리냐. 저것도 순종이야."

"할아버지, 노새는 말이랑 당나귀 사이에서 나온 동물이에요."

"뭐시라? 그럴 리가."

한결벽은 방으로 들어가 혈통 증명서를 아들에게 보여 주며 말했다.

"이거 봐. 가축 중계업자가 준 혈통 증명서란 말이여. 이래도 순종이 아니라고?"

한장남은 혈통 증명서를 보더니 한숨을 내쉬며 한결벽에게 차근

차근 설명해 주었다.

"아버지, 사기 당하신 거 아니에요? 혈통 증명서에 나온 영어도 다 엉터리고 노새가 순종이라는 건 더욱 아니에요."

아들의 말을 들은 한결벽은 화가 나 혈통 증명서를 들고 당장 사세요를 찾아갔다. 씩씩거리며 나타난 한결벽을 보고 사세요는 가슴이 뜨끔했다.

"이 사기꾼아! 노새가 순종이라고? 그러면서 나한테 팔았어?"

"노새에게 무슨 탈이라도 났나요? 얼마 전까지만 해도 일 잘한다고 좋아하시더니."

"그게 문제가 아니잖아! 다른 사람도 아니고 나한테 노새를 팔아? 괜히 꼬부랑 글씨로 써서 날 속인 거지?"

한결벽은 너무 화가 나서 사세요의 멱살을 잡았고 사세요는 당황하여 횡설수설하였다.

"아니 일만 잘하면 됐잖아요. 일 못하는 순종 소보다는 낫지요, 뭘."

"그래서 나한테 사기 친 건 잘못이 아니다 이거여? 안 되겠구먼. 후회할 줄 알아!"

한결벽은 집으로 돌아와 아들의 도움을 받아 사세요를 당장 생물법정에 고소하였다.

노새란 당나귀와 말을 교배하여 낳은 잡종 개체로 체질은 강건하고 수확량, 크기 면에서도 뛰어난데 이런 경우를 '잡종 강세'라고 합니다.

노새는 어떤 동물일까요?
생물법정에서 알아봅시다.

🧙 재판을 시작하겠습니다. 노새란 동물은
어떤 동물일까요? 혈통을 따져 순종만을
고집한 원고가 사기를 당했다고 하는데
어떻게 된 일인지 알아봅시다. 피고 측 변론하십시오.

🐱 원고는 노새를 구입해서 지금껏 노새가 일을 잘한다고 칭찬
했습니다. 그런데 갑자기 노새가 순종이 아니라고 화를 내는
군요.

🧙 순종만을 고집하는 원고에게 노새를 팔았다는데 피고는 노새
가 순종이 아니라는 걸 알았는데도 원고에게 노새를 팔았다
는 게 사실입니까?

🦁 솔직히 말씀 드리자면 할 말이 없습니다. 사실 노새가 잡종인
것은 부인할 수 없습니다. 하지만 피고가 노새를 순종으로 둔
갑시켜 원고에게 판매한 데는 다 이유가 있습니다.

🧙 무슨 이유 말입니까? 이유가 있다고 하더라도 거짓말을 한
것은 사실이니 책임을 면하지 못할 것입니다.

🦁 원고는 소를 살 때도 순종만 너무 따져서 원고의 마음에 드
는 소를 골라 주기 위해 피고가 얼마나 고생을 했는지 모릅

니다. 원고가 다른 동물을 찾았을 때 피고의 등에서 식은땀이 흐를 정도였다니까요. 원고가 노새를 구입하려 했던 이유는 전에 구입한 소가 순종인데도 힘을 제대로 쓰지 못해 힘이 센 동물을 찾은 것입니다. 순종도 좋지만 원고에게는 일 잘하고 힘이 센 동물이 더 필요하다는 생각으로 노새를 제안한 것입니다. 물론 피고의 생각은 맞았습니다. 한동안 노새가 힘도 세고 일도 잘해서 원고는 노새에게 만족해했으니까요.

 그렇다 하더라도 미리 노새에 대해 소개해야 했습니다. 아무튼 거짓으로 거래를 한 것이 인정되므로 사기라고 볼 수 있겠군요. 그런데 아무 증거도 없는데 노새라는 것만으로 어떻게 잡종인지 알 수 있습니까? 원고 측의 변론을 들어 보도록 하겠습니다.

 노새란 당나귀와 말을 교배하여 낳은 잡종 개체입니다. 이것만으로도 노새가 순종이 아니라는 증거는 충분하겠지요.

 노새는 어떤 동물이며 특징은 무엇입니까?

 외모는 말과 당나귀의 중간형으로 털 빛깔은 부모에 따라 여러 가지가 있지만 당나귀의 영향을 받은 암색 계통이 가장 많습니다. 갈기나 꼬리털은 말과 비슷하며 귀는 말보다

길고 목은 짧으며, 궁둥이는 좁고 경사졌으며 사지는 건조합니다. 노새처럼 종 사이나 품종 사이의 잡종이 양친보다 강건성이나 수확량, 크기 등에서 뛰어난 경우를 잡종 강세라고 합니다.

잡종 교배하면서 지구력이나 힘이 세진 거로군요. 피고가 원고에게 노새를 추천한 이유도 여기에서 비롯된 것이라고 짐작됩니다. 노새처럼 잡종을 하면 힘센 일꾼이 늘어나겠군요. 많이 번식하면 농사를 짓는데 좋겠습니다.

노새의 수컷은 번식력이 없습니다. 이는 중간 잡종의 염색체가 다른 염색체로 되어 성숙 분열할 때 감수 분열이 일어나지 않아 정자를 만들지 못하기 때문이지요.

노새가 잡종인 것은 명백한 사실이며 피고가 원고에게 거짓으로 잡종인 노새를 순종이라고 속여서 판매한 것을 인정했습니다. 따라서 원고가 원하면 노새를 구입한 금액을 환불받을 수 있습니다. 노새는 힘과 지구력이 좋다고 하니 농사일을 하는데 일꾼으로 쓰기를 원한다면 계속 써도 좋을 것 같습니다. 이상으로 재판을 마치겠습니다.

재판이 끝난 후, 노새가 순종이 아니라는 것을 알게 된 한결벽씨는 기분 나쁘다며 곧바로 환불을 받았다. 하지만 며칠 후 힘이 좋았던 노새가 그리워진 한결벽은 다시 사세요에게 가서 자신이

환불받았던 노새를 샀다. '일만 잘한다면 순종과 잡종이 무슨 차이

가 있겠어. 반드시 순종만 고집할 필요는 없지' 하면서 말이다.

과학성적 끌어올리기

멘델 (1822~1884, 오스트리아)

오스트리아의 식물학자인 멘델은 일찍부터 자연과학을 좋아했습니다. 그는 1843년 브륀(지금은 체코의 브르노)에 있는 아우구스티누스 수도원에 들어가 1847년에 수도사로 임명되었습니다. 수도원에서 수행하는 동안 멘델은 과학 공부를 많이 했습니다. 1849년 멘델은 브륀 근처에 있는 즈나임 중등학교의 보조 교사가 되어 잠깐 동안 그리스어와 수학을 가르쳤습니다. 1850년에는 정규 교사 시험에 응시했으나 떨어졌는데, 아이러니하게도 가장 점수가 낮은 과목이 생물학과 지질학이었습니다. 그 후 대수도원장의 추천으로 빈 대학교에 입학한 멘델은 이곳에서 물리학, 화학, 수학, 동물학, 식물학을 공부하고 1854년 브륀으로 다시 돌아와 1868년까지 그곳에 있는 기술고등학교에서 과학을 가르쳤습니다. 하지만 멘델은 끝내 교사 자격증을 따지 못했습니다. 멘델은 1856년부터 수도원의 작은 정원에서 실험을 시작하여 유전의 기본 원리를 발견했으며 이러한 원리들은 나중에 유전학으로 발전하게 되었습니다. 고등학교에서 그와 함께 일했던 동료들 가운데 몇몇은 과학에 깊은 관심을 가지고 있었는데, 이들은 1862년 브륀에서 자연과학학회를 창립했으며 멘델은 이 모임에서 중요한 직책을 맡게 되었습니다. 수도원과 학교의 도서관에는 중요한 과학 서적들이 많이 있었으며 그중에서도 그는 아버지의 과수원과 농장에서 얻었던 경험으로 인해 깊은 관심을 지니고 있던 농학·원예학·식물학에 관한 책을 많이 보았습니다. 멘델 자신도 이 분야에 대한 새로운 책들이 나오면 곧 구입을 했는데, 이러한 사실은 1860, 1870년대에 출판된 찰스 다윈의 연구 노트를 보면 알 수 있습니다. 그러나 멘델은 다윈의 맨 처음 저서가 나오기 전에, 또한 유전이 진화의 원인으로서 가장 기초적인 역할을 한다는 사실이 널리 알려지기 전에 이미 실험을 시작했던 것만은 확실합니다. 그는 1865년 2월 8일과 3월 8일에 열린 브륀 자연과학학회에서 결과를 보고할 때에도 '식물의 교잡'에 대한 깊은 관심을 언급했으며, 이 분야에서 자기보다 먼저 발표한 사람들의 연구들에 대한 자기의 견해를 밝히면서 단호하게 다음과 같이 말했습니다.

지금까지 행해진 수많은 실험들 가운데 잡종의 자손들에서 나타날 수많은 형들을 결정하거나, 또는 이러한 형태들을 각 세대에 따라서 확실하게 구분하거나, 이들 사이의 통계적 상관도를 명확히 밝힐 수 있을 만큼 폭넓고 올바른 방법으로 이루어졌던 것은 하나도 없다.

유전 연구 실험에 반드시 필요한 조건에 대한 이러한 논술과 그 조건들을 만족시켜 주는 예비 실험 자료들을 통해 그는 유전과 진화 및 일반적인 생물 현상들을 이해하는 데 기초가 되는 여러 문제들을 해결할 수 있었습니다.

유전 법칙의 발견

멘델은 자신이 정원에서 길렀던 여러 가지 완두를 서로 교배시켰습니다. 이들 완두는 키가 큰 것과 작은 것, 잎겨드랑이에서 꽃이 피었을 때 색이 있는 것과 없는 것 등과 같이 서로 차이를 보이는 형질과, 씨의 색깔과 모양 그리고 줄기에 꽃이 피는 위치, 콩꼬투리의 모양 등 비슷한 성질을 지니는 형질을 갖고 있는 것이 있었습니다.

멘델은 순종의 키 큰 완두와 키 작은 완두 사이에서 나올 수 있는 잡종 제 1대는 모두 키가 큰 경우, 모두 키가 작은 경우, 키가 큰 것과 작은 것이 섞여 있는 경우, 중간 정도의 키가 되는 경우 등 여러 가지로 예측을 해 보았습니다. 그런데 멘델의 실험 결과 잡종 제 1대에서는 모두 키가 큰 콩만 나왔습니다. 다른 대립 형질의 경우도 마찬가지였습니다. 예를 들어, 둥근 씨와 주름진 씨 사이에서는 둥근 씨만이 나왔고 보라색 꽃과 흰색 꽃 사이에서는 보라색 꽃만이 나왔습니다. 그리고 잎겨드랑이에 꽃이 피는 것과 줄기 끝에 꽃이 피는 것 사이에서는 잎겨드랑이에 꽃이 피는 것만이 나왔습니다.

결국 멘델은 서로 대립하는 형질 사이에서 나오는 잡종 제 1대에서는 두 형질 중 하나만이 나온다는 것을 알아냈고, 잡종 제 1대에 나타나는 형질을 우성, 그렇지 않은 형질을 열성이라고 불렀습니다. 즉 멘델의 유전 법칙은 우성 순종과 열성 순종 사이에서 나오는 잡종 제 1대는 반드시 우성이 된다는 것이며 이것을 '우열의 법칙' 이라고 부릅니다.

과학성적 끌어올리기

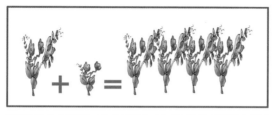

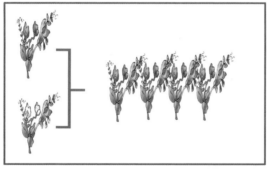

우성 순종과 열성 순종
사이에 나오는 잡종 1세대는
반드시 우성형질로
나오는군!

혈액과 유전에 관한 사건

여자도 혈우병이 유전되나요?

혈우병에 걸렸다는 여학생 김설란의 말은 사실일까요?

"야, 오늘 온 전학생 말이야, 대도시에서 왔다는데 예쁘더라."

"정말? 얼마나 예쁜데?"

"나가인 저리 가라더라. 하늘에서 내려온 천사인 게 틀림없어."

남녀 공학인 정법 중학교의 한 교실이 시끌벅적했다. 그 이유는 오늘 전학 온 한 여학생 때문이었다. 거기다 대도시에서 왔다는 사실이 전학생을 더욱 빛나게 해 주었다.

"쳇, 도시 애들은 매연만 잔뜩 마셔서 아마 얼굴도 새까맣고 성격도 이상할지 몰라. 어른들이 그러시잖아. 대도시 가면 코 베일지도 모른다고."

남학생들이 호들갑을 떠는 게 아니꼬운 여학생들은 아직 만나지도 않은 전학생에 대한 반감이 생기기 시작했다. 반면 공부도 잘하고 운동도 잘하지만 성격이 억세서 여장부라 불리며 여학생의 중추에 서 있는 반장 소사노는 꽤나 여유 있는 태도로 여학생들을 타일렀다.

"자기가 그래 봤자 우리들 세계는 전혀 모르는 도시 촌뜨기야. 신경 쓰지 말자."

그러나 소사노의 예상과는 달리 전학생 김설란은 모든 남학생들의 시선을 한 몸에 받으며 공주마마처럼 떠받들어졌다.

"아, 나 목마른데."

"잠시만 내가 음료수 사 올게."

"어머 이게 뭐야? 뭐가 묻어 있네."

"내 손수건 위에 앉아."

김설란의 한마디에 모든 남학생들은 마치 하인처럼 행동했고 반은 물론 전교 남학생들을 거의 휘두른다고 해도 과언이 아니었다.

"흑흑, 사노야. 나 남자 친구한테 차였어."

"뭐? 왜 그래?"

"그 여우 같은 설란이가 좋대. 나쁜 계집애."

그뿐만이 아니었다. 김설란에게 잘 보이기 위한 남학생들의 몸부림은 다른 여학생들에게도 피해를 줬다.

"야, 너 저리 가. 우리 설란이가 여기 앉고 싶다잖아."

"뭐? 먼저 온 사람이 임자지. 그런 경우가 어디 있어?"

"생긴 건 꼭 메주같이 생겨 가지고. 원래 메주들은 예쁜 애한테 뭐든 양보해야 하는 거야. 저리 비켜!"

이렇듯 김설란 때문에 모든 여학생들은 메주 취급을 받으며 온 갖 수모를 겪어야 했고 이 상황을 지켜보던 소사노는 더 이상 가만히 있으면 안 되겠다 싶어 나서기로 했다.

"다 나와."

김설란 주위에 있는 남학생은 소사노의 말을 듣고 구시렁거리기 시작했다.

"다 안 나와!"

소사노의 큰 소리에 깜짝 놀란 남학생들은 한두 명씩 물러서기 시작했고 그제야 김설란과 마주 볼 수 있었다.

"잠시 나랑 얘기 좀 할까?"

"넌 누구니? 호호. 소리나 지르고 우락부락하게 생겨서. 여성스럽지 못해. 난 너 같은 애는 상대 안 해."

김설란은 소사노를 무시하고 다른 쪽으로 가 버렸고 남학생들은 우르르 김설란을 따라갔다. 김설란에게 무시당한 소사노는 분노에 치를 떨며 그날부터 복수할 날만을 기다리고 있었다.

"오늘은 단체 헌혈하는 날입니다. 반장을 통해 설문지를 줄 테니 답하도록 하세요. 반장, 따라와."

담임선생님이 나가자 반이 시끌벅적해졌다. 오늘은 학기마다 한 번씩 있는 단체 헌혈의 날이기에 수업을 안 해서 좋다든가 매번 하지만 여전히 무섭다는 등 여러 이야기가 오가고 있었다.

"설란아, 넌 헌혈 해 봤어?"

"아니, 그 무서운 걸 어떻게 해."

"그래, 설란이의 하얀 피부에 상처를 낼 수는 없지."

여전히 김설란은 남학생들에게 둘러싸여 내숭을 떨었고 여학생들은 그 모습에 기가 막히다는 표정으로 고개를 저었다. 조금 후 소사노가 설문지를 가지고 교실로 돌아왔다.

"자, 매번 하는 거니까 긴 설명은 안 할게. 설문지 작성하고 헌혈이 안 되는 사람에 해당하는 사람은 앞으로 나와."

몇몇 학생이 쭈뼛쭈뼛 앞으로 나왔다. 그러나 그중에 김설란은 아주 당연하다는 듯 당당하게 걸어 나왔다. 소사노는 그런 김설란을 보고 지금이 복수의 기회라고 생각했다.

"넌 무슨 이유로 나왔는데?"

"난 헌혈 싫어해. 내 몸에 상처 내는 거 싫어."

"하지만 이건 우리 학교 학생이라면 의무적으로 하는 봉사 활동이야."

"나에게 강요하지 마. 네가 뭔데 나한테 강요해?"

"반장이니까. 반장은 선생님 대신 학생들을 인솔하고 통제하는 권한이 있거든. 그게 싫으면 네가 반장하든가."

김설란은 소사노의 힘 있는 중저음의 말투에 기가 눌려 잠시 망설이다 갑자기 생각났다는 듯 툭 말을 내뱉었다.

"나 혈우병이라서 안 돼. 헌혈하면 나 죽을 거야."

그 말을 들은 남학생들은 그 정도면 됐지 않느냐며 김설란을 감싸려고 들었다. 그러나 이 말이 김설란의 최대의 실수였다.

"다들 시끄러워! 조용히 해! 너 방금 혈우병이랬어?"

"응, 혈우병. 너 혈우병 몰라? 무식하기는."

김설란은 비아냥거리면서 비웃는 듯 미소를 지었다. 그러나 소사노는 전혀 동요하지 않고 여전히 목소리를 깔고 말했다.

"너 그거 어떻게 걸리는 줄은 알고나 말하는 거야? 그거 치사 유전이야."

"치사? 혈우병이 왜 치사해?"

여학생들은 김설란의 말에 깔깔거리며 넘어갔고 김설란은 당황하기 시작했다. 소사노는 이때다 싶어서 공격하기 시작했다.

"물론 아주 희귀하게 혈우병에 걸린 여자들이 있다고는 하지만 대개는 혈우병 유전자를 둘 다 가질 경우 여자들은 죽거든? 그래서 여자한테는 거의 없어. 그런데 네가 혈우병이라고?"

"그…… 그래! 왜? 내가 혈우병이 아니라는 증거 있어?"

"증거? 그거야 너한테 바늘을 찔러서 피가 나게 한 다음 멎는지 안 멎는지 확인하는 방법이 있지만 진짜 혈우병이면 내가 살인범이 될 수도 있으니 못하겠고……"

소사노는 자신이 이겼다는 듯이 자신 있게 얘기했고, 김설란은 분한 나머지 질 수 없다는 생각에 어떻게든 이겨 보려고 할 말을 찾았다.

"내가 혈우병인 게 뭐가 이상해? 아까 아주 희귀한 경우라며? 내가 그 희귀한 경우야."

"그러세요? 그럼 넌 이미 텔레비전에 나왔어야지. 아니면 대학교 실험실에 의뢰해 볼까?"

김설란은 거의 울음을 터뜨릴 지경이었으나, 마지막 남은 히든카드를 내밀듯 소사노에게 도전장을 던졌다.

"그럼 생물법정에서 결판을 내자. 네가 나한테 했던 짓 후회하게 해 줄 거야."

어떤 유전자가 성염색체 X염색체, 또는 Y염색체 상에 위치하게 될 때
어느 한쪽 성의 형질의 출현 빈도가 다른 쪽 성에 비해
훨씬 높게 나타나는 유전 현상을 '반성 유전'이라고 합니다.

여기는 생물법정

혈우병은 왜 걸리는 걸까요?
생물법정에서 알아봅시다.

재판을 시작하겠습니다. 혈우병에 대해 서로 의견이 엇갈리는군요. 생물법정에서 해결해 드려야겠습니다. 혈우병이 여자에게는 걸리지 않습니까? 원고 측 변론하십시오.

혈우병도 유전에 의해 물려받는 겁니다. 따라서 부모 세대에 혈우병을 가지고 있다면 자손에게 유전되는 것이지요. 여자는 자손이 아닙니까? 여자도 엄연히 인간이며 부모로부터 유전자를 물려받기 때문에 남자와 여자는 동일한 확률로 혈우병에 걸릴 수 있습니다.

혈우병에 걸릴 확률이 동일하다면 정확한 유전자는 어떻게 되는 건가요?

유전자에 대해서는 비오 변호사가 탁월합니다. 비오 변호사의 변론을 들으면 유전자가 어떻게 유전되는지 알 수 있을 겁니다. 하하하!

어이쿠, 변론을 본인이 피고 측으로 넘기는 경우는 처음 보는군요.

혈우병이라는 용어에서도 알 수 있듯 병인 듯하니 걸리면 안 좋을 것 같군요. 혈우병이 어떤 것이며 정말 여자와 남자가 동일하게 걸리는 것인지, 그리고 어떻게 유전되는 건지 알아봐야겠습니다. 피고 측 변론하십시오.

혈우병은 몸에 출혈이 생겼을 때 혈액이 응고되지 않아 출혈이 멈추지 않는 유전병을 말합니다.

출혈이 멈추지 않는다면 아주 위험한 병이군요. 혈우병은 어떻게 유전되는 겁니까?

증인을 모시고 설명드리겠습니다. 증인은 과학공화국 유전병원 병원장이신 최강한 박사님입니다.

증인 요청을 받아들이겠습니다.

하얀 가운을 입고 명찰을 목에 건 50대 후반으로 보이는 남자 의사 선생님이 병원 차트 여러 개를 두 손 가득히 들고 증인석에 앉았다.

혈우병에 걸리면 무척 위험하겠습니다. 혈우병은 어떻게 걸리는 겁니까?

혈우병은 부모로부터 혈우병 유전자를 물려받아 걸리는 것입니다. 혈우병 유전자는 다행히 정상 유전자에 대해서는 열성이기 때문에 쉽게 나타나지는 않습니다. 혈우병 유전자는 X염색체 상에 위치하는데 혈우병 유전자가 X염색체 상에 있

는 것을 X'로 표현하면 여자의 경우 정
상은 XX, 잠재성은 XX', 혈우병은 X'
X'로 나타낼 수 있습니다. 남자의 경우
는 XY, 혈우병은 X'Y이며 잠재성은 없
습니다.

교차

교차는 염색체 분열 시 나타나는
현상의 한 가지로 감수 분열시
염색체의 한 부분이 바뀌어 연관
성이 깨지는 현상이다. 자식은 교
차에 의해 유전자 배치에 변동이
생기게 되고, 결국 부모의 유전자
를 섞어서 가지게 된다.

 여자의 경우 X염색체가 남자보다 하나
더 많은데 이것이 혈우병에 걸리는 확률
에 영향을 줍니까?

여자의 경우는 X염색체를 두 개 가지므로 둘 다 혈우병 인자
를 가져야 혈우병에 걸리는 반면 남자의 경우는 X염색체를
하나만 가지므로 남자는 X염색체에 혈우병 유전자가 하나라
도 있으면 혈우병에 걸립니다. 때문에 남자는 혈우병에 대한
잠재성이 없고 여자보다 훨씬 혈우병에 걸릴 확률이 높습니
다. 이처럼 어떤 유전자가 X염색체, 또는 Y염색체 상에 위치
하게 되면 어느 한쪽 성에서 그 형질의 출현 빈도가 다른 쪽
성에 비해 훨씬 높게 나타나게 되는데 이런 유전 현상을 '반
성 유전'이라고 합니다.

비록 여자가 남자보다 혈우병에 걸릴 확률이 적더라도 남자
처럼 혈우병에 걸릴 수 있는 겁니까?

혈우병은 여성의 경우 혈우병 유전자를 가진 X'의 두 유전자
가 만났을 때 죽게 되는 치사 유전을 하기 때문에 혈우병에

걸린 여자 아기가 임신이 되었더라도 유산되거나 사산되어 나옵니다.

혈우병에 걸린 태아가 죽게 된다면 여자가 혈우병에 걸리는 경우는 없겠군요.

아주 드물게 죽지 않고 태어나는 경우가 있지만 아주 희귀한 사건이지요.

혈우병에 걸리면 생명에도 지장을 줄 수 있으므로 출혈이 되지 않도록 각별히 주의해야겠습니다. 혈우병은 유전자에 의해 물려받는 병이며 남성이 여성보다 훨씬 잘 걸린다고 합니다. 여성의 경우는 혈우병 유전자의 잠재성은 있으나 혈우병에 걸리는 경우 사산되기 때문에 굉장히 태어나기 힘들다는군요. 따라서 혈우병에 걸린 여성이 있다면 굉장히 큰 화제가 됐으리라 짐작되는데…… 원고의 경우는 아마도 혈우병에 걸린 사람이 아니라고 판단되는군요.

혈우병에 걸린 여성은 생명이 유지되기가 힘들다고 하니 여성 혈우병 환자가 아주 희귀할 수밖에 없겠군요. 원고는 이번 기회에 혈우병에 대해 상세히 공부했으니 앞으로 혈우병에 걸렸다는 거짓말은 못하겠군요. 이상으로 재판을 마치도록 하겠습니다.

재판이 끝난 후 거짓말을 한 것이 들통 난 김설란은 반 친구들에

게 얌체 같다며 놀림을 당했다. 이때 소사노는 의기소침해진 김설
란에게 함께 놀자고 제안했고, 그 후 김설란과 소사노는 친한 친구
가 되었다.

A형과 B형 사이

A형과 B형 사이에 나올 수 있는 혈액형에는 어떤 것이 있을까요?

결혼 1년 차인 새댁 노미스는 친구들 중에 가장 일찍 결혼한 신세대 주부로 시댁에서는 귀여운 막내 며느리로 시부모님의 귀여움을 한 몸에 받고 있었다. 그런 그녀에게 장점이라면 장점이고, 단점이라면 단점인 것이 있었으니 놀기 좋아하고 통통 튀는 성격에 잠시도 가만히 있지 못한다는 것이다. 반대로 남편인 다정남은 조용하면서도 포용력 있고 듬직한 남자였다. 둘은 대학 선후배로 만나 서로 반대 성격에 끌려 사랑에 빠졌고 시댁의 부추김에 일찍 결혼하게 되었다.

"아, 심심해. 오늘같이 맑고 청아한 날에는 자전거 타고 하이킹

하는 게 최고인데. 하지만 우리 아기를 위해서 참아야지."

요즘 노미스는 자신의 욕구를 참느라 힘들었다. 그 이유는 노미스 배 속에 귀여운 아기가 자라고 있기 때문이었다. 처음에는 아기와 상관없이 평소대로 행동했다가 시댁과 친정 식구들에게 혼쭐이 났고 그 이후에 집에서 갇혀 사는 신세가 되었던 것이다.

"벌써 시간이 이렇게 됐네. 오빠 점심 먹으러 올 시간이다. 점심 준비해야지."

그러나 노미스는 살짝 우울한 기분이 들어 점심이고 뭐고 귀찮아 벌러덩 누워 버렸다. 조금 후 다정남이 점심을 먹으러 집에 들렀다.

"미스야, 왜 그러고 있어? 오빠 점심 먹고 나가야 하는데. 밥은?"

"오빠, 우리 놀러 가면 안 돼?"

"안 돼. 나 밥 먹고 다시 일하러 가야 하는 거 알잖아."

"싫어. 오늘 정말 가고 싶어. 가자, 가자."

노미스는 다정남에게 투정을 부리기 시작했고 다정남은 곤란하다는 표정으로 어찌할 바를 몰랐다.

"미스야, 오빠가 일을 나가서 돈을 벌어 와야 우리 식구가 먹고 살지. 이제 우리 둘만 있는 것도 아니고 우리 아기도 있잖아."

"그거야 그렇기는 하지만…… 그럼 오랜만에 외식하자. 나 삼겹살이 먹고 싶어."

"그러자. 빨리 가서 먹어야겠네."

노미스는 대강 옷을 입고 다정남과 집 앞에 있는 고기 집으로 향했다. 하지만 이렇게 좋은 날씨에 놀러 갈 수 없다는 생각이 들자 기분이 좋지 못했다.

"놀러 가고 싶다. 힝힝."

"이틀만 참아. 곧 주말이잖아. 이번 주말에는 꽃도 많이 피었을 테니 꽃이나 구경하러 가자. 알았지?"

다정남은 노미스를 한없이 어르고 달랬다. 그래도 노미스는 기분이 풀리지 않아 투정이 심해졌고 다정남은 슬슬 짜증이 나기 시작했다.

"이틀도 못 참아? 이제 곧 애 엄마가 될 사람이 언제까지 어린 애처럼 이럴래?"

"뭐? 하루 종일 집에만 갇혀서 사는 내 입장은 생각해 봤어? 오빠는 밖에 나가서 일하니까 내 심정 몰라. 나는 꼼짝없이 집에서만 이게 뭐야? B형 남자들은 다 이래? 왜 자기만 생각해?"

"거기서 혈액형 얘기가 왜 나와? 그럼 넌 A형이라서 이렇게 잘 토라지니?"

둘 사이에 말다툼이 일어났고 결국 점심도 먹지 않고 각자 집으로, 직장으로 가 버렸다. 집에 돌아온 노미스는 다정남이 미워서 씩씩거렸지만 시간이 지나고 화가 가라앉자 슬슬 미안한 생각이 들었다.

'오빠한테 내가 너무 심했나? 나랑 싸워서 일도 제대로 못하면

어떡하지? 사과해야지.'

노미스는 다정남에게 사과하기 위해 전화를 걸었다. 그러나 무슨 일 있었냐는 듯 아무렇지도 않게 전화를 받는 다정남의 태도가 이해되지 않았다.

"나는 미안해서 어떻게 사과할지 계속 고민했는데 너무하는 거 아냐?"

노미스는 다시 화가 나서 다정남이 집에 들어오면 상대도 안 해야겠다고 다짐했다. 어느덧 저녁이 왔고 초인종 소리에 노미스는 화난 표정으로 문을 열었으나 다정남은 두 손에 꽃다발을 들고 서 있었다.

"미스야, 오빠가 잘못했어. 용서해 주라."

노미스는 꽃다발을 보자 화난 감정이 싹 누그러졌고 이내 헤헤거리며 헤벌쭉 웃었다. 둘은 그렇게 간단하게 화해하고 맛있는 저녁을 먹은 뒤 소파에 앉아 도란도란 이야기를 나누었다.

"난 혼자 고민하다가 너무 미안해서 전화했는데 오빠가 아무렇지도 않은 게 더 화가 나더라."

"그랬어? 우리야 늘 싸우니까 그러려니 했는데."

"이 이기주의자. 만날 나만 힘들어. B형은 다 그래?"

"글쎄다, 그런가? 그럼 A형은 그렇게 혼자 끙끙 앓으면서 과대망상만 즐겨? 에이, A형 별로 안 좋네."

"B형이 더 안 좋아 보이는데? B형은 남들이 어쨌든 자기만 좋으면 됐다고 생각하잖아."

둘은 다시 토닥거리기 시작했다. 서로 어디서 주워들은 건지는 모르지만 혈액형과 성격에 관한 이야기를 늘어놓으며 서로 자신의 혈액형이 최고라고 우겨댔다.

"우리 아기는 A형이면 좋겠어. 오빠같이 이기적인 B형 말고."

"아니지, 우리 아기는 B형이어야지. 우리 미스처럼 소심한 A형이 둘이나 있으면 내가 골치 아플 것 같아."

"A형이 좋다니까! A형이 혈액형 중에서 최고야."

"것 참. 소심한 혈액형이 뭐가 좋다고."

둘은 어느새 아기는 자신과 같은 혈액형이어야 한다며 우기고 있었다. 그러던 중 다정남이 결론을 내렸다.

"그럼 우리 아기의 혈액형으로 누구의 혈액형이 더 좋은지 보자. 내가 책에서 언뜻 봤는데 혈액형에도 우성, 열성이 있어서 우성과 열성이 만나면 우성이 나온데. 아무래도 우성이 우수하니깐 나오는 게 아닐까?"

"듣고 보니 일리 있네. 그럼 우리 아기의 혈액형이 A형이든 B형이든 둘 중 하나일 테니 그때 누구의 혈액형이 더 좋은지 보자."

둘은 전혀 엉뚱한 걸로 누구의 혈액형이 더 좋은지 판가름하기로 했다. 이런 둘의 내기에 주위 사람들은 어이가 없어서 웃기만 했다.

"노미스, 그게 무슨 말이야?"

"숙자야, 왜? 이게 얼마나 좋은 기준이야."

"야, 너 생물 안 배웠어? 그런 내기나 하고 말이야."

"무슨 말이야?"

"아니다. 크큭. 정남 씨도 그런 면이 있을 줄 몰랐네. 그런데 아기가 A형도 B형도 아닌 혈액형이 나오면 어쩔 건데?"

"그럴 리가 있겠어?"

노미스는 친구의 말이 이해되지 않았다. 물론 A형과 B형 이외에 O형과 AB형이 있다는 건 알고 있지만 설마 둘 사이에 O형이나 AB형이 나올 리는 없을 거라고 생각했다.

시간이 지나 노미스는 아기를 낳았고 아기의 건강 진단을 하던 중 아기의 혈액형이 AB형이라는 사실을 알고 둘은 혼란에 빠졌다.

"의사 선생님, AB형이라니요? A형도 아니고 B형도 아닌 AB형이라니요? 뭔가 잘못된 거 아니에요?"

"지극히 정상적입니다. 척 보니까 아기도 엄마, 아빠를 많이 닮았는데, 무슨 문제 있습니까?"

"아니, 왜 AB형이냐고요?"

"그건 두 분 혈액형 때문이에요. 생물 시간에 유전 안 배우셨어요?"

"분명 우리 아기라면 A형이나 B형이 나와야 한다고요."

"참 답답한 친구 다 보겠네. 내가 아무리 설명해 줘도 씨도 안 먹힐 것 같으니 생물법정에 왜 그런지 한번 의뢰해 보세요. 아주 명

쾌하게 이야기해 줄 겁니다."

의사의 말에 두 사람은 아기가 왜 AB형인지 생물법정에 의뢰하
게 되었다.

복대립 유전에서도 하나의 형질은 한 쌍의 유전자에 의해 결정되며 우열 관계가 뚜렷합니다. 혈액형 유전도 '복대립 유전'에 해당됩니다.

A형과 B형 사이에 AB형이 나올 수 있을까요?

생물법정에서 알아봅시다.

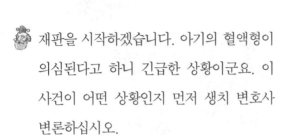

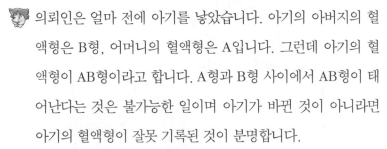

🎅 재판을 시작하겠습니다. 아기의 혈액형이 의심된다고 하니 긴급한 상황이군요. 이 사건이 어떤 상황인지 먼저 생치 변호사 변론하십시오.

🐯 의뢰인은 얼마 전에 아기를 낳았습니다. 아기의 아버지의 혈액형은 B형, 어머니의 혈액형은 A입니다. 그런데 아기의 혈액형이 AB형이라고 합니다. A형과 B형 사이에서 AB형이 태어난다는 것은 불가능한 일이며 아기가 바뀐 것이 아니라면 아기의 혈액형이 잘못 기록된 것이 분명합니다.

🎅 뭐라고요? 아기가 바뀌었을 수 있다는 겁니까? 만약 그렇다면 단순한 문제가 아닙니다. 확실한 변론을 하십시오.

🐯 판사님 왜 그렇게 놀라십니까? 제가 말한 것은 어디까지나 가능성입니다. 유전적으로 불가능한 혈액형이 나왔기에 다른 가능성을 제시한 것이지요. 놀라지 마십시오. 하하하!

🎅 어쨌든 생치 변호사의 말은 아기의 혈액형은 AB형이 될 수 없다는 말씀이군요. 비오 변호사는 어떤 변론을 하는지 들어 보겠습니다.

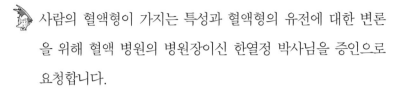 사람의 혈액형이 가지는 특성과 혈액형의 유전에 대한 변론을 위해 혈액 병원의 병원장이신 한열정 박사님을 증인으로 요청합니다.

증인 요청을 받아들이겠습니다.

하얀 가운을 입고 청진기를 목에 건 50대 중반의 남자 의사 선생님이 무테 안경을 쓰고 깔끔하고 반듯한 자세로 증인석에 앉았다.

사람의 혈액형의 유전에 대한 설명을 부탁드리겠습니다. 혈액형 유전도 다른 유전과 동일합니까?

기본적으로 유전된다는 면에서는 동일하지만 멘델의 유전 법칙과는 상반되거나 예외적인 부분이 있습니다.

보통의 멘델의 유전 법칙과는 어떻게 다른 겁니까?

예를 들어 완두 종자의 색깔은 노란색과 녹색, 모양은 둥근 모양과 주름진 모양과 같이 보통의 형질들은 두 대립 유전자를 가집니다. 그러나 사람의 ABO식 혈액형에는 A, B, O 세 유전자가 관여하며 어떤 경우의 유전 형질은 3개 또는 그 이상의 대립 유전자가 관여합니다. 이러한 유전을 복대립 유전이라고 합니다. 사람의 혈액형의 유전도 복대립 유전에 해당됩니다.

복대립 유전은 다른 유전과 차이가 많이 납니까?

 복대립 유전에서도 한 형질은 한 쌍의 유전자에 의해 결정되고 우열 관계가 뚜렷합니다. 사람의 ABO식 혈액형에서 세 유전자의 우열 관계는 A = B > O입니다. 따라서 A형과 B형은 공동 우성이라고 볼 수 있으며 유전자상에서 두 형질이 있을 경우 동시에 표현되어 나타납니다. 두 분의 아기가 AB형의 혈액형을 가진 것은 잘못되었거나 이상한 일이 아닙니다.

 복대립 유전자를 가지는 혈액형에서 A형과 B형이 공동 우성이기 때문에 아기에게 공동으로 나타나 의뢰인의 아기가 AB형이 된 것이군요.

 그렇습니다. 따라서 아기가 바뀌거나 혈액형이 잘못 기록된 것이 아니며 아기의 혈액형은 정상이므로 걱정하실 일이 아닙니다.

 사람의 혈액형도 유전에 의해서 물려받는 것이며 3개의 형질을 가진다는 것이 특이하군요. 사람마다 자신의 혈액형이 어떻게 이루어진 것인지 알 수 있는 좋은 기회가 된 것 같습니

 혈액형

혈액형은 혈액 속의 적혈구를 대상으로 연구되었지만, 최근에 각종 혈액 성분도 관계된다는 것이 알려졌다. 혈액형은 1901년 란트슈타이너 등이 ABO식 혈액형을 처음 발견했고, 1940년에는 란트슈타이너와 워너가 Rh식 혈액형을 발견했다.

다. 또한 무엇보다 아기가 아무 문제없이 정상이라고 하니 다행입니다. 이상으로 재판을 마치겠습니다.

재판이 끝난 후 아기의 혈액형에 아무 이상이 없다는 것을 알게 된 다정남과 노미스는 아기를 예쁘게 잘 키웠다. 너무나 예쁜 아기 때문에 노미스는 더 이상 밖으로 놀러 다니지 않고 애지중지 아기를 돌보았다.

신기한 혈액형

AB형과 O형의 부모님 사이에서 태어난 AB형의 진헌이는
과연 친자가 맞을까요?

"엄마! 진헌이 울어요!"

"아유, 엄마 지금 저녁 준비 중이라 나가기 힘들어,
네가 좀 돌봐 주렴."

고등학생인 진선은 울고 있는 늦둥이 동생 진헌을 달래러 안방
으로 들어갔다. 진헌은 목이 터져라 빽빽 울고 있었고 진선은 진헌
이가 안 다치도록 조심스럽게 안아 주었다.

"까꿍! 진헌아, 어두운 데서 깨니까 무서워? 누나가 있잖아."

조금 후 진헌은 언제 울었냐는 듯 울음을 그치고 방긋 웃었다.
진헌의 미소에 진선은 귀여워 죽겠다는 표정으로 진헌을 꼭 안아

주었다.

"엄마보다 누나가 낫네. 너 온 김에 진헌이하고 좀 놀아 줘라."

"엄마, 나 공부는 어떻게 하고?"

"너 시험 한참 남았잖아. 엄마 저녁 준비할 동안만 놀아 줘. 알았지?"

엄마는 다시 주방으로 갔고 진선은 못 이기는 척 진헌을 거실로 데리고 나왔다. 진헌을 눕혀 놓고 텔레비전을 켜자 마침 어린이 프로그램에 음악이 나왔고 진선은 장단에 맞춰 노래를 불러 줬다.

"다녀왔습니다."

"아빠, 안녕히 다녀오셨어요? 제 부탁은 안 잊으셨겠죠?"

"그래, 이거 말이지?"

아버지는 진선에게 작은 병을 주었고 뒤따라 나온 엄마는 그게 뭔지 궁금해 했다.

"진선아 그게 뭐니?"

"간단히 말하면 혈액형 판정해 주는 약물이에요. 학교 축제 때 쓰려고요."

엄마는 여전히 무슨 말인지 몰라 고개를 갸우뚱거렸고 아버지 역시 구해 주기는 했으나 그게 무엇인지는 잘 몰랐다.

"이걸로 어떻게 혈액형을 판정한다는 거니?"

"이왕 구한 김에 우리 가족 혈액형이나 알아볼까요? 이거 꽤 재밌거든요."

진선은 가족들을 모두 앉혀 놓고 바늘과 소독약을 들고 왔다. 그리고 병뚜껑을 열고 두 액체를 덜어 설명했다

"이건 표준 혈청이라는 거예요. 만약에 피가 왼쪽 액체랑 섞여서 덩어리가 지면 A형, 오른쪽 액체랑 섞여서 덩어리가 지면 B형, 둘 다 덩어리가 지면 AB형, 덩어리가 안 나타나면 O형이에요."

"오, 그것 참 신기하구나."

"우선 제 혈액형이 뭔지 알아볼게요."

진선은 바늘로 손을 딴 후 피 한 방울을 두 액체에 떨어뜨린 뒤 바늘로 저었다. 그러자 잠시 후 왼쪽 액체의 피가 덩어리졌다.

"오, 네 혈액형은 A형이구나. 허허, 정말 신기해."

"병원에선 이런 식으로 혈액형 판정을 해요. 그다음은 아빠."

진선의 실험 결과 아버지의 혈액형은 AB형, 엄마의 혈액형은 O형으로 나왔다. 가족들은 혈액형 판정을 하며 즐거워했다.

"그럼 이번에는 진헌이를 해 볼까?"

진선이가 진헌이에게 바늘을 대려고 하자 엄마는 아기인데 바늘로 찔러 피를 뽑을 수는 없다며 말렸다. 그러나 아버지의 생각은 달랐다.

"이번 기회에 진헌이 혈액형을 아는 것도 나쁘지 않지. 만약에 경우 수혈 같은 게 필요할 때 유용하게 쓰일 수도 있지."

"그건 그렇지만……."

"그럼 합니다. 진헌아, 미안해. 다 널 위해서야."

진선은 진헌의 손을 콕 찔렀고 진헌은 세상이 떠나갈 듯 울음을

터뜨렸다. 엄마는 우는 진헌이를 달래느라 정신이 없었고 진선은 피를 섞으며 이해할 수 없다는 표정을 지었다.

"이상하다, 왜 둘 다 덩어리가 지지?"

"왜, 둘 다 덩어리지면 AB형이잖아."

"그러니까요. 아빠가 분명 AB형이고 엄마가 O형이잖아요. 그러면 진헌이는 A형 아니면 B형이 나와야 하는데 왜 AB형이냐고요. 이건 절대 나올 수 없는 혈액형이에요."

가족들은 혼란에 빠졌다. 이론대로라면 진헌이의 혈액형은 A형 아니면 B형이어야 하는데 엉뚱하게도 AB형이 나왔기 때문이다.

"약품이 잘못되었나?"

"그럴 리가요, 건강 검진 결과도 방금 실험한 결과랑 같게 나왔는걸요?"

"여보, 내일 병원에 가서 진헌이 혈액형 좀 알아보구려."

호기심에서 시작된 혈액형 판정 실험은 진헌이의 혈액형 사건으로까지 번졌고 다음 날 진헌을 데리고 병원을 다녀온 엄마는 침울한 표정으로 돌아왔다.

"진헌이의 혈액형이 AB형이 맞대."

가족들은 즉시 거실로 모여 이게 어떻게 된 일인지 토론하기 시작했다.

"이상해, 병원에서도 AB형이라고 하고…… 어떻게 된 거지?"

"혹시……."

진선이의 말에 엄마 아빠는 침을 꼴깍 삼켰다. 말하지 않아도 알 것 같았기 때문이다.

"진헌이가 바뀐 게 아닐까요?"

"무슨 소리니, 그럴 리가 없잖아."

"그러고 보니 당신이 진헌이를 낳던 날, 그날따라 병원이 혼잡했잖소."

"그렇긴 했죠. 아무리 그래도 설마 아기가 바뀌는……."

가족들은 비통한 표정으로 진헌이를 바라보았다. 진헌은 가족들의 마음을 아는지 모르는지 눈만 깜빡거리며 생글생글 웃었다.

"하지만 내 동생이 아니라고 하기엔 아빠랑 너무 판박이인걸요."

"그거야 그렇지만 닮은 거랑 혈액형이랑은 다른 문제잖니."

"그럼 병원에 가서 알아봐요. 그 수밖에 없어요."

가족들은 다음 날 진헌이가 태어났던 산부인과를 찾아갔다. 산부인과는 여전히 많은 산모들로 가득했다. 아버지는 접수 창고의 간호사와 이야기를 하였다.

"어서 오세요, 어느 분이 진찰 받으실 거죠?"

"그게 아니라 1년 전에 여기서 아기를 낳았는데 알아볼 게 있어서요."

"네, 뭐가 궁금하시죠?"

"산부인과에서 아기가 바뀌는 경우도 있습니까?"

아버지의 말에 깜짝 놀란 간호사는 다시 표정을 가다듬고 말했다.

"다른 병원에서는 종종 그런 일들이 발생한다고 하지만 우리 병원에서는 절대 그런 일이 없습니다."

"그런데 우리 아이 혈액형이 이상한데……."

아버지가 말을 이으려는 순간 옆에 있던 진선이 끼어들어 설명하기 시작했다.

"아빠는 AB형이고 엄마는 O형이에요. 그러니 내 동생은 A형 아니면 B형이어야 하는데 AB형이에요. 이건 이상하지 않아요?"

간호사는 곰곰이 생각해 보더니 알아보겠다며 차트를 뒤졌고 확인해 본 결과 아기가 바뀐 경우는 절대 없다며 오히려 펄쩍 뛰었다.

"여기 있네요, 류진헌. 보호자 분 류장신. 이것 봐요. 우리 병원의 명예를 걸고 아기가 바뀐 적은 없어요. 혹시 다른 곳에서 바뀐 것을 우리 병원에 와서 바뀌었다고 괜히 화풀이하시는 거 아니에요?"

"화풀이라니요? 우리는 단지 사실을 확인하고 싶을 뿐이에요."

"이건 병원에 대한 모독이에요. 돌아가세요."

간호사 때문에 병원에서 쫓겨난 가족은 돌아오는 길에 점점 더 큰 의혹이 생겼고 이상한 결론을 내렸다.

"아까 그 간호사 차트 찾을 때 표정이 이상하던데 혹시 바뀌었는데 아니라고 발뺌하는 게 아닐까?"

"그럴지도 모르겠어. 생각하면 할수록 꽤씸하네."

가족들은 결국 산부인과를 생물법정에 고소하기에 이르렀다.

Cis-AB형과 O형 사이에서는 AB형 또는 O형이 태어날 수 있습니다.
Cis-AB형은 우리나라의 전남 지역과 일본의 큐슈 지역에서 주로 발견됩니다.

과학공화국
생물법정 7

AB형과 O형 사이에서 AB형이
나올 수 있을까요?
생물법정에서 알아봅시다.

재판을 시작하겠습니다. 아기의 혈액형에
이상이 있다고 하는데 어떤 사건인지 원
고 측 변론하십시오.

아기의 부모는 AB형과 O입니다. 따라서 아기는 A형 혹은 B
형의 혈액형을 가지는 것이 정상입니다. 하지만 원고 측 아기
의 혈액형은 AB형인 것으로 판정되었습니다. 병원 측에 의뢰
를 했지만 아기는 바뀐 적이 없다고 강력히 부인하고 있습니
다. 아기의 혈액형은 집에서도 판별해 보았고 병원에서도 측
정한 결과이므로 아기의 혈액형을 잘못 측정했을 가능성은
희박합니다. 결과적으로 아기가 바뀌었다고 판단할 수밖에
없는 상황입니다. 병원 측에서는 아기가 바뀐 것은 아닌지 다
시 확인해 줄 것을 요청합니다.

원고 측의 변론이 상당히 타당성이 있습니다. 요즘의 의학 기
술은 굉장히 뛰어난 것으로 알고 있습니다. 아기와 부모의
DNA를 조사하여 친자인지 확인하는 것이 가장 확실한 방법
이 아닐까요?

판사님, 말씀 중에 죄송하지만 말씀 드릴 것이 있습니다.

발언권을 드리겠습니다. 말씀하십시오.

아기의 부모가 아기가 바뀐 것에 대해 의심하는 것은 당연한 일인 듯 생각하여 이미 아기와 부모의 DNA를 조사해 친자 확인을 마쳤습니다.

아기는 아기 부모의 친자라고 판명되었습니까?

확인 결과 친자로 나타났습니다. 따라서 병원 측에서 잘못하여 아기가 바뀐 일은 없습니다.

그렇다면 어떻게 AB형과 O형의 부모로부터 절대 나올 수 없을 것 같은 AB형 아기가 태어날 수 있었던 것입니까?

이 사건은 누가 보아도 의심할 만합니다. 그렇지만 전혀 있을 수 없는 일도 아니지요. 이번 사건에 대해 설명해 주실 증인이 자리하고 계십니다. 혈액 병원의 강신기 박사님을 증인으로 요청합니다.

증인 요청을 받아들이겠습니다.

커다란 안경을 쓴 무뚝뚝한 표정의 50대 후반으로 보이는 남성이 말없이 걸어 나와 증인석에 앉았다.

아기는 부모의 친자임이 확인되었습니다. 그런데 아기는 어떻게 부모에게서 물려받지 못할 것 같은 혈액형을 가질 수 있습니까?

원고 측 아기의 혈액형은 일반적인 혈액형과는 조금 다릅니다. 아기의 혈액형은 Cis-AB형이라고 부릅니다.

Cis-AB형이란 무엇입니까?

원래 A형 또는 B형 유전자는 각각 한쪽 염색체 위에 위치합니다. 그러나 Cis-AB 유전자는 한쪽 염색체에 A형과 B형 유전자가 몰려 있습니다. 여기서 'Cis'는 같은 쪽에 있다는 뜻이 있습니다.

염색체란 무엇입니까?

염색체는 세포가 분열하여 커질 때 세포가 가지는 핵 속에 나타나는 굵은 실타래나 막대 모양의 구조물로 유전 물질을 담고 있습니다. Cis-AB형의 경우, 유전 물질을 담고 있는 염색체 위에 A형과 B형 유전자가 몰려 있어 통째로 유전되는 것입니다.

이 아기처럼 Cis-AB형인 사람이 다른 혈액형을 가진 사람들과 결혼하면 아이의 혈액형에는 별 문제가 없습니까?

Cis-AB형과 O형 사이에서는 AB형 또는 O형이 태어날 수 있습니다. Cis-AB형과 한 쌍의 유전자형이 AO인 A형 사이에서는 AB형, A형 또는 O형이 나올 수 있습니다. 이러한 경우는 가족 간에 혈액형으로 인한 오해가 생길 수가 있어서 문제가 되기도 하는데 병원에서 검사를 받아 확인하는 것이 좋은 방법입니다.

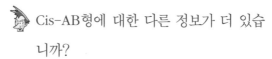

Cis-AB형에 대한 다른 정보가 더 있습니까?

Cis-AB형은 weak A와 weak B로 이루어진 경우가 많습니다. 예를 들어 A2B3라는 혈액형이 있는데 A형보다 B형이 더 약하게 표현되어 일반적인 혈액형 검사를 할 때 A형으로 판정될 수 있습니다. 이것 또한 가족 간에 혈액형 때문에 오해할 만한 소지가 되지요. Cis-AB형은 우리나라의 전남 지역과 일본의 규슈 지역에서 주로 발견됩니다.

Cis-AB형인 사람은 다치거나 위급한 상황에서 혈액을 공급받기가 곤란하지 않을까요?

혈액형이 Cis-AB라고 해도 전혀 걱정하실 필요는 없습니다. 수혈이 필요할 때는 대개 O형 혈액을 수혈하면 무난합니다. A2B3인 사람은 B형에 대해서는 거부 반응을 가지고 있으므로 O형 또는 A형 혈액을 수혈받으면 됩니다.

보통의 4가지 혈액형 A, B, AB, O형의 혈액형만을 알고 있다가 특수한 혈액형도 있다는 사실을 알게 되었습니다. 원고 측의 아기는 위급할 경우 병원에서 수혈을 받을 수 있으며 조금 특이할 뿐 절대 문제가 있는 것은 아닙니다.

인간의 몸은 정말 신비하고 특별한 것 같습니다. 이런 특수한

Cis-AB형

Cis-AB형은 부모 중 어느 한쪽으로부터만 AB형의 혈액 유전자를 받아 만들어진 특이한 혈액형이다. 정상적인 AB형은 유전자가 A와 B 두 가닥으로 나뉘어 있어야 하는데 Cis-AB형은 한쪽에 몰려 있다.

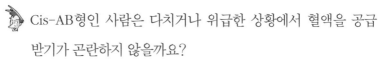

혈액형을 통해서 또 한번 느꼈군요. 아기는 정상이므로 걱정
할 필요가 없다고 하니 다행입니다. 혈액형에 관한 문제를 접
할 때 좋은 정보가 될 것 같습니다. 이것으로 재판을 마치겠
습니다.

아기가 뒤바뀐 게 아니라는 사실이 밝혀지자 가족들은 기뻐했
다. 병원을 모독했다며 기분 나빠하던 병원 관계자들도 정중하게
진선이네 가족에게 사과했다.

왕국의 비밀

돈노 왕국의 왕자들이 줄줄이 혈우병에 걸리는 이유는 무엇일까요?

돈노 왕국은 과학공화국에서 비행기로 꼬박 하루를 가야 도착할 수 있는 먼 곳에 위치한 왕국으로 오랜 역사와 문화를 자랑했지만 과학이 발달하지 않은 곳이었다. 사람들은 몸이 아프면 의사가 아닌 퇴마사를 불러 굿을 했고 태풍이 불면 하늘이 노했다며 제사를 지냈다. 이처럼 돈노 왕국은 미신을 숭배하는 왕국이었다. 돈노 왕국의 왕인 모르오 3세는 요즘 결혼 적령기인 왕자와 공주의 짝을 찾아 주려고 고심하고 있었다.

"전하, 노노 공작님께서 납시었습니다."

"사촌 형님께서 웬일이시지? 어서 오세요."

모르오 3세는 사촌 형 노노 공작을 반갑게 맞이하였다. 그러나 노노 공작은 혼자 온 것이 아니라 공작의 딸인 치미까지 데려왔다.

"아니 이게 누구야? 치미가 아니더냐. 허허, 어느새 예쁜 숙녀가 되었구나."

치미는 모르오 3세에게 인사를 하고 얼굴이 발그레해져 수줍게 고개를 숙이고 있었다. 모르오 3세는 노노 공작과 어릴 적부터 왕가 수업도 함께 받으며 같이 컸다고 해도 과언이 아닐 만큼 친한 사이였기에 자연스럽게 치미의 탄생과 성장을 지켜보게 되었다.

"치미야, 너는 셋째 공주님과 함께 있도록 해라. 전하, 오늘은 친히 드릴 말씀이 있어서 이렇게 찾았습니다."

치미는 아버지의 명에 따라 셋째 공주인 다다 공주의 방으로 찾아갔고 노노 공작과 모르오 3세는 방에서 담소를 나누었다. 그러나 노노 공작은 무언가 중요한 말을 하려는 듯 말을 아끼고 있었다.

"형님, 무슨 할 말이라도 있으신지요? 할 말을 숨기고 계신 듯한 느낌이 듭니다."

"전하, 아다 왕자가 결혼 적령기가 아닙니까? 하나밖에 없는 왕자인데 어서 짝을 만나 왕조를 이어야지요. 짝은 정했는지……."

"아직…… 거기다 아다 왕자가 워낙에 철부지인지라…… 어디 좋은 짝 없을까요?"

"에헴, 그게……."

노노 공작은 말을 할 듯 말 듯 망설이다가 마침내 입을 열었다.

"우리 왕조의 전통상 왕족끼리 결혼해야 되지 않습니까?"

"그렇긴 하지요. 그래서 더 고민입니다. 마땅한 나이의 처자가……."

"우리 치미는 어떻습니까?"

노노 공작의 갑작스런 말에 모르오 3세는 깜짝 놀랐다. 예상하지 못한 것은 아니나 너무 갑자기 단도직입적으로 이야기하니 어안이 벙벙해졌다. 노노 공작은 딸인 치미에 대한 칭찬을 줄줄 늘어놨다.

"내 딸이라서 그런 게 아니라 정말 괜찮은 아이입니다. 아주 기품 있고 아름다운 아이지요. 거기다 어릴 적부터 왕궁에 출입하면서 아다 왕자와 어느 정도 연정도 쌓은 것 같은데 이참에 둘을 이어 주는 게 어떻겠습니까?"

노노 공작의 말을 들은 모르오 3세는 솔깃해졌다. 사실 며느릿감 후보 중 한 명으로 치미를 염두해 두고 있던 차에 노노 공작이 이렇게 적극적으로 나오니 망설일 필요가 없던 것이었다. 이렇게 아다 왕자와 치미의 결혼은 두 사람의 대화로 결정이 났다.

"그나저나 엘리 공주는 언제 왕국에 돌아온답니까? 외국에 유학 간 지 꽤 된 것 같습니다만."

"안 그래도 엘리 공주 때문에 골머리가 아파요. 이 녀석이 외국에 가서 유전학이라는 이상한 학문을 배워서 우리 왕조에 왕자가

별로 없는 이유가 왕족들끼리 결혼하는 관습 때문이라는 내용의 편지를 보냈지 뭐예요. 세상에 거기다 자기는 절대 왕족하고는 결혼을 안 하겠답니다."

"어허, 왕족끼리 결혼하는 것은 우리 왕조의 전통이거늘. 전통을 깨면 안 되지요."

"어서 아다 왕자와 치미를 결혼시켜서 엘리 공주에게 뭔가 깨닫게 해 줘야겠어요."

그 후 아다 왕자와 치미의 결혼 준비는 일사천리로 진행되었다. 왕국의 모든 곳에 대대적으로 결혼 소식을 알리고 주변 국가에도 결혼식 초대장을 보냈다. 하나밖에 없는 왕위 계승자인 아다 왕자와 치미의 결혼식은 왕국의 축제가 될 만큼 며칠에 걸쳐 성대하게 이루어졌고 그것을 구경하기 위한 많은 관광객이 몰렸다. 모두가 즐거워하고 있을 무렵 동생의 결혼식 때문에 잠깐 귀국한 엘리 공주는 행복해 하는 동생 부부를 보며 혼잣말로 중얼거렸다.

"왕조의 전통을 지키다 결국 우리 왕조는 무너지고 말 거야. 이번에는 혈우병이 아닌 왕자가 나와야 하는데."

엘리 공주는 결혼식에 흥미가 없어 자신의 방으로 쏙 들어가 버렸다. 조금 후 둘째 공주인 푸리가 엘리를 찾아왔다.

"언니, 결혼식 정말 환상적이지 않아? 나도 어서 커서 결혼하고 싶다. 있지, 나 좋아하는 사람이 생겼어."

"누군데?"

"응, 지누 공작의 아들 차니. 매너도 좋고 잘생겼어!"

엘리는 잔뜩 들뜬 푸리를 보며 한숨을 내쉬었다. 그러자 푸리는 엘리에게 바짝 다가가 물었다.

"언니는 누구 좋아해? 나도 밝혔으니까 언니도 이야기해 줘라. 어느 공작 아들이야?"

"내가 유학 간 곳에서 같이 공부하는 친구. 이미 결혼도 약속했어."

푸리는 충격을 받은 듯 잠시 멍하게 있다가 엘리의 손을 꼭 붙잡고 울먹이면서 말했다.

"언니, 그건 안 돼. 왕족끼리 결혼해야 하는 거잖아. 이 사실을 아바마마가 알게 되면 언니는 어떻게 될지 몰라."

"그 전통 때문에 언젠가는 우리 왕조가 망할지도 몰라."

"그런 말 하지 마. 그럴 리가 없어."

푸리는 울 듯한 표정이었고 엘리는 한숨을 내쉬며 왜 안 되는지 차근차근 설명해 주었다.

"너 아바마마와 어마마마 사이에서 왕자가 몇 명 태어났는지 기억하지? 그런데 대체 지금 살아남은 사람이 몇 명이야?"

"아다 오빠 한 명."

"그렇지? 모두 피를 한 번 흘리면 멈추지 않는 병에 걸려서 죽었어. 그게 다 왕족들끼리 결혼을 해서 그런 거야. 이 전통을 깨지 않으면 우리 왕조는 끝이라니까."

"언니 이제 그만 해. 언니가 유학을 갔다 오더니 이상해졌어. 이건 못 들은 걸로 할게. 그럼 난 이만 나갈게."

푸리는 엘리의 방에서 나갔고 엘리는 덩그러니 혼자 남아 과학 공화국으로 돌아갈 준비를 하였다.

1년 후, 아다 왕자와 치미 왕자비 사이에서 예쁜 왕자가 태어나 돈노 왕국은 화려한 축제를 시작하였다. 그러나 기쁨도 잠시, 왕자는 정원에서 놀다가 넘어져 피가 났지만 피가 멎지를 않았다.

"왕자의 피가 멎지 않아요. 이건 조상님들이 앓았던 병이잖아요. 이를 어쩌면 좋아요."

모르오 3세는 돈노 왕국의 모든 의사들을 불렀지만 다들 어찌할 도리가 없다는 반응이었다.

"이건 왕조 대대로 앓아 왔던 병입니다. 어쩔 수 없어요."

치미 왕자비는 슬픔에 잠겨 온종일 왕자 곁에서 울기만 했고 아다 왕자는 근심에 싸였다. 선조들과 형제들처럼 자신의 아들을 이렇게 죽게 내버려 둘 것인가? 모르오 3세는 갑자기 엘리 공주가 생각나 연락을 취했다.

"어서 왕자를 데리고 근처 공화국의 병원으로 이송하세요. 그리고 아바마마와 할 얘기가 있으니 기다리세요."

모르오 3세는 엘리 공주가 시킨 대로 조금 멀리 떨어진, 의학이 발달된 공화국으로 아다 왕자와 치미 왕자비를 보내 왕자를 병원에 입원시켰다.

다음 날, 엘리 공주가 돈노 왕국에 도착하였고 모르오 3세와 직접 대면해 돈노 왕국의 결혼 풍습을 비난했다.

"아바마마, 이걸 단순히 선조가 앓았던 병으로만 생각하실 거예요?"

"그래, 나도 이 병 때문에 자식을 많이 잃었지만 어쩔 수 있니, 하늘의 뜻인걸."

"이건 하늘의 뜻이 아니에요. 왕족끼리 결혼하는 이상한 풍습 때문이라고요!"

"또 그 소리냐? 넌 외국에 유학 가더니 이상한 것만 잔뜩 배워 왔구나."

모르오 3세의 반응을 예상 못한 것은 아니었으나 너무나 꽉 막힌 태도에 엘리 공주는 숨이 막힐 지경이었다. 엘리 공주는 계속해서 모르오 3세를 설득했지만 그의 의지는 확고했다. 엘리 공주는 마지막 카드를 제안했다.

"아바마마, 왕족끼리 결혼하는 풍습 때문에 왕자들이 피가 멎지 않는 병에 걸려 죽어 간다는 사실을 증명하면 어떻게 하시겠습니까?"

"그렇지 않대도! 그걸 어떻게 증명한단 말이냐?"

"제가 있는 과학공화국에는 이런 사건을 다루는 법정이 있습니다. 거기에 의뢰해서 제 생각이 옳다는 걸 증명해 보이겠어요."

엘리 공주는 왕족끼리의 결혼이 왜 위험한지 증명해 달라며 생물법정에 의뢰했다.

혈우병은 X염색체 상에서 유전되는 반성 유전이므로 X염색체를 하나 가지는 남자가 여자보다 혈우병에 걸릴 확률이 더 높습니다.

혈우병은 어떻게 생기는 병일까요?
생물법정에서 알아봅시다.

재판을 시작하겠습니다. 왕족끼리 결혼
하는 풍습 때문에 생명을 잃을 수 있다는
게 사실일까요? 생치 변호사 변론해 주
십시오.

돈노 왕국의 오랜 풍습 중 하나는 왕족끼리 결혼하는 것입니
다. 하지만 이것이 태어나는 남자 후손의 생명을 유지하는데
걸림돌이 된다는 것은 생뚱맞은 소리입니다. 혈우병은 집안
대대로 내려오는 질병이며, 유전에 의한 것이지 이것이 근친
상간 때문이라는 말은 인정할 수 없습니다.

돈노 왕국에서는 혈우병에 걸려 죽은 왕자들이 많다고 하는
데 혈우병이 유전에 의한 질병이라는 겁니까?

그렇습니다. 대대로 유전되어 내려오는 질병이지 왕족이 아
닌 사람과 결혼한다고 없어지는 병이 아닙니다. 따라서 왕족
이 아닌 사람과 결혼하더라도 분명 혈우병은 줄어들지 않을
것입니다.

왕족이 아닌 사람과 결혼하여 몇 대에 걸쳐 아이를 낳아 보면
밝혀질 문제지만 당장 그것을 밝히기는 힘들기 때문에 비오

변호사의 변론을 들어 보고 종합적으로 판단해야겠습니다.
비오 변호사 변론하십시오.

친족끼리 결혼하면 유전적으로 어떻게 되는지 증인을 모시고
말씀 드리겠습니다. 혼인 유전에 대한 논문으로 최우수 논문
상을 받은 안웨딩 박사님을 증인으로 요청합니다.

증인 요청을 받아들이겠습니다. 증인은 증인석으로 나와 주
십시오.

턱시도를 입은 50대 초반의 남성은 오랜만에 입어 본 턱시
도가 어색한지 얼굴이 불그레해져 증인석에 앉았다.

친척끼리 결혼하여 아이를 낳는 것은 타인과 결혼하는 것과
큰 차이가 있습니까?

크고 작은 차이가 있다고 말할 수 있습니다. 친척끼리의 결혼
은 심하게는 생명에 지장을 줄 수 있는 경우도 있습니다.

그 이유는 무엇입니까?

친척끼리 결혼할 경우 잠재되어 있는 유전성 질병이 발현되
기 쉽습니다. 이것은 한 가계 내에 열성 유전성 질병 인자를
가지고 있을 경우 타인과 결혼하면, 우성의 법칙에 의해 유전
성 질병을 가진 아이를 낳을 확률이 적으나 가계 내의 친척과
결혼했을 경우 유전성 질병을 가진 아이를 낳을 확률이 월등

히 높아지기 때문입니다. 즉, 한 가계 내 열성 유전성 질병 인자가 있으면 질병을 가지지 않더라도 보인자일 확률이 높고, 보인자인 사람끼리 결혼해 아이를 낳으면 당연히 유전성 질병이 발현되기 쉬운 것입니다.

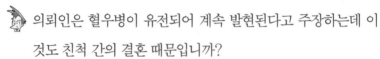 의뢰인은 혈우병이 유전되어 계속 발현된다고 주장하는데 이 것도 친척 간의 결혼 때문입니까?

혈우병은 알려진 것처럼 유전되는 병입니다. 그리고 열성 형질이기 때문에 보인자의 경우에는 발현되지 않고 한 쌍의 유전자 모두에 혈우병 인자가 있는 경우에만 발현됩니다. 하지만 혈우병은 X염색체에 포함되어 유전되는 반성 유전이므로 X염색체를 하나 가진 남자가 여자보다 혈우병에 걸릴 확률이 높습니다. 그리고 돈노 왕국의 왕족들은 같은 가계 내의 사람들이므로 혈우병 보인자가 많은데 왕족끼리 결혼하면 X염색체에 혈우병 유전자가 생기는 경우가 많아져 남자 아이가 혈우병에 걸릴 확률이 더욱 높아지는 것은 당연한 결과입니다.

혈우병 보인자가 많은 돈노 왕국의 왕족끼리 결혼하여 남자 아이가 태어나면 혈우병에 걸릴 확률이 높아지고 결국 많은 왕자들이 혈우병으로 죽어 갔군요. 혈우병에 걸리지 않기 위해서는 어떻게 해야 할까요?

친척과 결혼하지 않는 것이 가장 좋습니다. 전통적으로 내려 오는 풍습이라도 받아들이고 유지해야 할 풍습과 없어져야 할 폐습은 구분해야 할 것입니다.

돈노 왕국의 전통인 왕족끼리의 결혼은 더 이상 유지될 만한 풍습이 아닙니다. 그동안 이러한 사실을 몰랐기 때문에 지금 까지 유지돼 오긴 했지만 사실은 지키지 말았어야 할 만큼 위 험한 풍습입니다.

지금까지의 비오 변호사 측 변론을 통해 혈우병은 유전으로 물려받는 질병으로서 특히 남자들에게 나타날 확률이 매우 높다는 것을 알았습니다. 유전성 질병은 단순히 대대로 내려 오는 유전병이 아니라 충분히 발병할 확률을 줄일 수 있는 질 병입니다. 돈노 왕국에서는 앞으로 왕족끼리 혼인하는 풍습 을 없애는 것이 좋겠습니다. 이상으로 재판을 마치겠습니다.

재판 후 돈노 왕국에서는 유전병을 일으키는 근친상간이 폐지되 었고 그 후 유전성 질병은 사라졌다.

혈액형의 유전 법칙

혈액형의 유전자는 A, B, O의 세 가지 기호로 나타낼 수 있는 데 유전자 A와 B는 공동 우성이고 유전자 O에 대해서는 각각 우성입니다. 따라서 혈액형이 A형인 사람의 유전자형은 AA, AO의 두 가지이고, B형인 사람의 유전자형은 BO와 BB로 두 가지입니다. 물론 O형과 AB형의 경우 유전자형은 각각 한 가지뿐입니다.

그런데 부모가 모두 A형일 때 어떻게 자식이 O형일 수 있을까요? 이것은 부모의 혈액형의 유전자형이 모두 AO이기 때문입니다. 부모가 AO인 경우 자식의 혈액형이 될 수 있는 것은 $(A+O) \times (A+O)$의 전개식을 통해 쉽게 알 수 있습니다. 이 식을 전개해 보면, $AA+AO+AO+OO$가 됩니다.

이때 나올 수 있는 자녀의 혈액형은 A형과 O형입니다. 그럼 자녀의 혈액형이 모두 나올 수 있는 경우가 있을까요? 물론 있습니다. 아버지가 AO형이고 어머니가 BO형이거나 반대로 아버지가 BO형이고 어머니가 AO형이면 가능합니다. 이때 나올 수 있는 자녀들의 혈액형은 $(A+O) \times (B+O)$ 를 전개하면 되는데 이 식을 전개하면, $AB+AO+BO+OO$가 되어 모든 혈액형이 가능하다

과학성적 끌어올리기

는 것을 알 수 있습니다.

클론 동물

클론 동물이란 어떤 것일까요? 보통 생물이 태어나는 방법은 암컷의 난자가 수컷의 정자와 수정되어 탄생하는데 이때 새끼들은 서로 조금씩 유전 정보가 다릅니다. 아버지와 어머니의 유전 정보가 새끼에게 전해질 때 양쪽의 유전 정보가 섞이는 정도가 다르기 때문입니다.

그러나 박테리아처럼 세포가 분열하여 새끼가 태어나는 경우, 새끼들은 모두 똑같은 유전 정보를 가지게 되는데 이렇게 유전 정보가 같은 동물을 클론 동물이라고 부릅니다.

동물에서 유전 정보가 똑같은 클론 동물을 만들려면 세포의 핵을 이식하는 방법을 써야 합니다. 수정이 된 난세포에서 핵을 꺼내어 핵을 없앤 다른 수정란에 옮기고 배양하여 또 다른 암컷의 자궁에 옮기면 클론 동물이 태어나게 됩니다.

생명 공학

생명 공학은 유전자를 연구하는 학문입니다. 생명 공학의 연구는 여러 분야에서 이루어집니다. 몇 가지 예를 들어 봅시다.

생명 공학 덕분에 인류는 이제까지 고칠 수 없었던 병을 치료하는 방법을 알게 되었습니다. 유전병은 부모로부터 자식에게 전해지는 병으로 수천 종류가 있으며 태어나면서부터 병으로 나타나는 경우와 정상적으로 살다가 어느 날 갑자기 병으로 나타나는 경우가 있습니다. 혈우병은 대표적인 유전병으로 태어나면서부터 나타나고 알츠하이머병은 나이가 들면서 나타나는데 뇌가 작아지고 의식이 흐려지는 증상이 있습니다.

생명 공학의 또 다른 업적은 인류의 식량 문제 해결입니다. 세계의 인구가 점점 늘어남에 따라 식량은 점점 모자라게 됩니다. 지금도 어떤 나라에서는 식량이 부족해 많은 사람들이 굶어 죽고 있습니다.

그래서 과학자들은 유전자를 이용하여 식량을 더 많이 생산하는 방법을 연구하고 있습니다. 식물에서 우수한 유전자를 추출하여 우수한 품종을 만들어 내고 가축이나 어패류 등을 빠르게 증식시키는 것도 생명 공학의 분야에 속합니다. 이처럼 생명 공학을 농업이나 축산에 응용하면 인류는 더 많은 식량을 생산할 수 있습니다.

이미 생명 공학자들은 농작물의 일부분을 떼어 내 배양하고 증식하는 기술을 만들어 냈고 이 기술을 이용하여 농작물에서 얻은 쓸모 있는 물질만을 짧은 시간에 대량 생산하는 방법을 알아냈습니다.

또한 유럽에서는 세균의 유전자를 재조합하여 세균에서 벌레를 죽게 하는 살충 단백질을 만들어 해충에 강한 품종을 개발했습니다. 축산에서는 수정란을 이식하는 기술이 응용되고 있으며 소의 수정란을 분할하고 이식하여 쌍둥이 소를 낳게 하거나 우유를 많이 생산하는 젖소를 만들기도 합니다.

진화론에 관한 사건

기린의 목은 왜 길까?

기린의 목은 원래 길었을까요? 점점 진화된 걸까요?

"그거 들었어? 다음 주 수요일에 소풍간대!"

"어디로?"

"거기까지는 잘 몰라. 아까 선생님들이 말씀하시

는 거 살짝 엿들었거든."

"놀이동산 갔으면 좋겠다."

우정 초등학교 4학년 6반 아이들은 다가오는 봄 소풍에 잔뜩 들

떠 있었다. 저마다 가고 싶은 곳을 이야기하며 옥신각신하기도 하

고 깔깔거리기도 하면서 어서 선생님께서 소풍에 대해 이야기해

주기만을 기다렸다.

"수업은 여기까지입니다. 오늘은 여러분에게 중요한 이야기를 하겠어요. 여러분이 기다리는 봄 소풍을 다음 주 수요일에 갈 거예요."

반 아이들은 신이 나서 환호성을 질렀고 선생님은 애써 아이들을 조용히 시키고 말을 이었다.

"소풍 장소는 과학 대공원이에요."

선생님의 말이 떨어지기가 무섭게 찬물을 끼얹은 듯 반 전체가 조용해졌다. 그리고 여기저기서 불만 섞인 말들이 터져 나오기 시작했다.

"또 과학 대공원이에요? 이제 어디에 무슨 동물이 있는지 다 외울 정도라고요."

"우리가 1,2학년도 아니고 4학년이나 됐는데 멀리 가면 안 돼요?"

"놀이동산 가요, 놀이동산!"

반은 아이들 목소리로 이내 아수라장이 되었고 선생님은 칠판을 두드리며 애써 아이들을 조용히 시켰다.

"너희들 마음은 잘 알겠지만 안전사고를 염려한 학부모님들의 요청에 의해서 결정된 거니까 그만 불평하고, 내일 봅시다."

아이들은 실망과 불만으로 풀이 죽어 하나 둘씩 가방을 메고 나갔지만 이찍사와 나신동은 다른 아이들과는 달리 오히려 신이 났다.

"오호 드디어 내 사진 찍는 실력을 뽐낼 때가 왔어. 기대된다."

"나도! 그동안 읽었던《동물도감》과 실제 동물을 비교할 수 있게 되었어."

이찍사는 사진 찍는 것을 좋아하여 부모님 몰래 카메라를 들고 다니며 사진을 찍었고 나신동은 동물을 좋아하여 늘 동물에 관한 책을 끼고 살았다. 둘은 단짝 친구로 이찍사는 항상 나신동이 찍어 달라는 동물을 찍어 주었고 나신동은 이찍사에게 여러 동물들에 대한 정보를 알려주었다.

"오늘 당장 필름을 사러 가야겠어. 생각만 해도 가슴이 두근두근 하네. 신동아, 요즘은 무슨 책 읽어?"

"옛날 동물이랑 지금 동물을 비교한 책인데 어렵긴 한데 재밌어. 거의 다 읽어 가는데…… 빌려 줄까?"

"응! 네 덕에 재밌는 책 많이 읽어서 좋아."

"나도 네 덕에 좋은 동물 사진을 얻을 수 있어서 좋아. 우린 역시 찰떡궁합이라니까."

시간이 지나서 어느덧 소풍 가는 날이 되었다. 과학 대공원에 가는 것은 영 시원치 않았지만 그래도 봄 소풍인 만큼 모두들 신나 있었다. 엄마를 졸라 새 옷을 샀다는 둥, 자기네 김밥이 제일 맛있다는 둥, 소풍이 끝나면 어디로 놀러 가자는 둥 여러 잡담이 오가는 가운데 이찍사는 열심히 카메라를 들이대며 사진을 찍었고 나신동은 열심히《동물도감》을 탐독하고 있었다.

"자, 여러분. 두 줄로 서서 선생님을 따라오세요. 자기 짝은 항상

챙기고 누구 하나 잃어버리지 않도록 조심하세요."

드디어 과학 대공원으로 출발하였다. 우정 초등학교 4학년생들은 반 별로 질서 정연하게 걸어갔고 약 10분 후 과학 대공원 입구에 도착하였다.

"엎어지면 코 닿을 곳인데 벌써 4년째 봄 소풍을 여기로 오네."

"사자들은 잘 있나? 호랑이는? 사슴은? 아유, 이제 지긋지긋해."

아이들은 투덜거렸지만 막상 입장하고 자유 시간이 주어지자 끼리끼리 모여 나름대로 즐겁게 놀았다. 이찍사와 나신동은 계획대로 동물들을 하나하나 살펴보기로 했다.

"우아, 들려? 내 카메라가 행복한 비명을 지르고 있어!"

이찍사는 즐거운 비명을 지르며 열심히 카메라로 동물들을 찍기에 바빴고 나신동은 《동물도감》을 펼쳐 보며 동물에 대해 알겠다는 듯 고개를 끄덕였다.

"아, 신난다. 다음은 무슨 동물이지? 기린인가?"

이찍사는 여전히 사진을 찍었고 나신동은 《동물도감》에서 기린을 찾았다. 그러더니 이상한 구절을 보고 고개를 갸우뚱거렸다.

"찍사야, 잠깐만. 책에 이상한 내용이 있어."

"뭔데? 잠시만. 사진 좀 찍고."

"사진은 좀 있다 찍고, 이거 보라니까."

나신동은 사진 찍기에 바쁜 이찍사에게 책 내용을 보여 주었다. 이찍사는 그런 나신동을 불만에 가득 찬 눈빛으로 보다 책의 내용을 읽어 보았다.

"기린은 목이 긴 동물이다. 맞는 말인데 뭐가 이상하다는 거야?"

"그게 아니라 이쪽 줄 말이야. 옛날 기린들은 목이 짧았다."

"에이, 짧기는 무슨, 지금 무진장 긴데. 기린은 목 빼면 시체지."

"그러게, 책 내용대로 만약 목이 짧았다면 어떻게 길어졌을까?"

나신동의 질문에 불만스러운 표정을 짓고 있던 이찍사도 어느새 호기심이 가득한 표정으로 바뀌었다. 둘은 골똘히 생각하다 기린이 잘 보이는 벤치에 앉아 서로의 생각을 이야기했다.

"저 기린 좀 봐. 나무의 높은 곳에 돋은 나뭇잎을 뜯어 먹으려고 노력하잖아. 혹시 저러다가 목이 길어진 것은 아닐까?"

"에이, 것도 한두 번이지. 네가 다리가 길다고 해서 네 아버지도 다리가 길어?"

"어, 길어."

이찍사의 간단한 대답에 나신동은 할 말을 잃었다. 잠시 고요한 정적이 흐른 뒤 나신동이 다시 입을 열었다.

"내 생각에는 말이야. 목이 짧은 기린들 중에서 다른 기린에 비해 목이 긴 기린이 살아남은 거야."

"어째서? 그럼 사람도 키가 큰 사람이 오래 사는 거야? 그건 아니잖아."

"거기서 사람 키가 왜 나와. 내 말 들어 봐. 기린들은 낮은 곳에 있는 잎을 뜯어 먹어. 그런데 어느 날 그 잎을 다 먹은 거지. 그런데 목이 긴 기린은 조금 더 높은 곳의 잎을 뜯어 먹을 수 있어서 살 수 있었지만 목이 짧은 기린들은 거기까지 목이 닿지 않으니까 결국 굶어 죽은 거야."

"너무 비극적이다. 목이 짧은 기린들이 불쌍해. 그런데 어떻게 해서 그들보다 목이 긴 기린이 태어날 수 있어?"

"어느 날 짠! 하고 나타난 거지."

"그건 너무 억지야."

"내 말이 맞아. 농구 선수들 발도 점점 커지잖아."

"그렇다고 농구 선수들의 아이들도 발이 점점 커지지는 않아."

둘의 대화는 끝이 없었고 급기야 자기 의견이 맞는 거라며 서로 싸우기까지 했다. 결국 둘은 결론을 내리지 못하고 생물법정에 의뢰하게 되었다.

용불용설이란 기린이 나뭇잎을 먹기 위해 스스로 목을 늘이다 보니 지금과 같이 길어졌다는 가설입니다.

기린의 목은 어떻게 길어진 것일까요?
생물법정에서 알아봅시다.

재판을 시작하겠습니다. 옛날 기린들은 목이 짧았다고 하는데 어떻게 기린의 목이 길어진 걸까요? 의견이 다양한데 누구의 의견이 옳은지 알아봅시다. 생치 변호사는 기린의 목이 왜 길어졌다고 봅니까?

기린의 목이 길어진 이유는 이찍사 어린이의 의견대로입니다. 기린은 나뭇잎을 먹기 위해 목을 늘였고 차츰 목이 길어지게 되었습니다. 목이 길어지는 진화에 의해 지금의 기린처럼 목이 길어진 것이지요.

그렇다면 운동선수들은 팔이나 다리를 많이 사용하는데 육상 선수의 다리가 길어지면 자녀도 다리가 길어지고 배드민턴 선수들은 한쪽 팔을 많이 쓰는데 배드민턴 선수의 자녀는 한쪽 팔이 길게 태어날 수도 있다는 건가요?

판사님 생각 한번 참 특이하십니다. 어떻게 그런 상상을 다 하셨습니까? 판사님의 말씀처럼 농구 선수의 다리와 배드민턴 선수의 팔처럼 운동선수의 신체가 자꾸 길어진다면 자녀들도 길어질 수 있겠지요. 특히 기린처럼 한두 세대에 그치지 않고 여러 세대에 걸쳐 농구 선수와 배드민턴 선수 생활이 대대로 물려지면 가능할 것 같습니다. 하하하!

당장 실험을 할 수도 없고 난감하군요. 그렇다면 비오 변호사의 의견을 들어 보도록 하겠습니다. 비오 변호사는 기린의 목이 길어진 이유가 무엇이라고 생각합니까?

옛날 기린은 목이 짧았는데 길어지게 된 원인에는 여러 가지 설이 나오고 있습니다. 《진화와 유전》이라는 책을 편찬하시고 현재 유전학 학회장을 역임하시는 한수재 박사님을 증인으로 요청합니다.

증인 요청을 받아들이겠습니다. 증인은 증인석으로 나와 주십시오.

50대 초반으로 보이는 남성은 자신이 쓴 《진화와 유전》이라는 두 권짜리 책을 옆구리에 끼고 증인석에 앉았다.

현재의 기린의 목은 아주 깁니다. 물론 기린의 긴 목은 유전되는 것이겠지요. 그런데 예전에는 기린 목이 짧았다고 하는데요, 어떻게 길어진 걸까요?

현재 기린의 목이 길어진 원인에 대한 학설은 여러 가지가 있습니다. 그중에서 가장 크게 지지를 받는 학설이 두 가지인데 그중 한 가지는 생치 변호사가 말씀하신 것처럼 후천적인 노

력에 의해서 얻어지는 형질을 말합니다. 즉 나뭇잎을 먹기 위해 기린이 목을 늘이다 보니 지금과 같이 길어졌다는 것이 라마르크의 용불용설입니다. 하지만 운동선수의 발이 운동으로 인해 커졌다고 해서 그 운동선수 자식의 발이 반드시 큰 것은 아닌 것처럼 후천적으로 획득한 형질은 유전이 안 되기 때문에 용불용설은 크게 인정받는다고 볼 수 없습니다.

 다른 한 가지 이론은 무엇입니까?

 용불용설보다 더 설득력이 있는 이론으로 다윈의 자연선택설이 있습니다. 나신동 학생이 말한 것처럼 기린의 자연선택설은 기린이 나무 아랫부분의 먹이를 다 먹고 난 뒤 나무의 높은 곳의 먹이는 먹을 수 없어 목이 짧은 기린은 죽고 목이 긴 기린만 남았다는 것입니다.

 목이 긴 기린의 종만 남아 유전되었다는 거군요.

 그렇습니다. 짧은 목의 기린 종은 없어지고 목이 긴 기린은 목이 길어지는 유전자를 자녀에게 계속 물려주었기 때문에 지금의 기린은 모두 목이 긴 것이라는 설명입니다. 하지만 자연선택설은 옛날의 기린이 개체 변이로 인해 목이 긴 기린이 나왔다고 설명하는데 이처럼 기린의 긴 목이 유전된다는 설명은 이론적으로 인정받지 못하고 있습니다. 따라서 자연선택설도 확실히 옳다고 할 수는 없고 용불용설보다 좀 더 설득력 있다는 정도입니다.

자연선택설이 더 설득력이 있다는 것과 기린의 목이 길어지기까지 오랜 시간이 걸렸다는 것은 확실한 것 같습니다.

예전에는 기린의 목이 짧았는데 지금의 기린은 목이 긴 것이 당연할 정도이니 그 과정이 정말 궁금하기는 합니다. 용불용설보다는 자연선택설이 더 설득력이 있고 지지하는 사람도 더 많은 것 같군요. 진화에 의해서든 자연선택에 의해서든 기린의 목이 길어진 만큼 오랜 세월이 흐르면서 생물이 변화하고 있다는 것을 느낄 수 있었습니다.

재판이 끝난 후 생물들의 진화에 대해 신기해하던 나신동과 이찍사는 진화에 대해 좀 더 공부해 보기로 했다. 둘은 매번 서로 다른 의견으로 다퉜지만, 그러면서도 꼭 붙어 다녔다.

 용불용설

용불용설은 1809년 라마르크가 《동물 철학》에서 내세운 진화 요인설로, 자주 사용하는 기관은 발달하고 사용하지 않는 기관은 퇴화하는데, 이것이 자손에게 유전되는 결과로 생물의 진화가 이뤄진다는 설이다.

원숭이와 인간 사이

인간이 원숭이로부터 진화한 것이 사실일까요?

박어벙은 동물을 매우 사랑하는 열혈 청년이었다.
어릴 때부터 동물에 관련된 책이란 책은 다 읽었고
가장 좋아하는 장소는 동물원, 가장 좋아하는 프로
그램은 동물과 관련된 프로그램이었다. 그랬기에 박어벙의 꿈은 동
물원 사육사가 되는 것이었다. 그러나 어벙한 그의 성격 때문에 시
험 때마다 실수가 잦았고 매 시험마다 미역국을 먹어야 했다. 하지
만 그는 포기하지 않았고 하늘도 그의 열정에 감동했는지 과학공화
국에서 가장 유명하다는 테마 파크 네버란도 동물원에 취직하게 되
었다.

"우리 아들, 멋지다! 첫날인데 실수하지 말고 잘하고 와."

박어벙은 부모님의 격려를 받으며 네버란도 동물원으로 출근했다. 그러나 이상과 현실은 다르다고 했던가, 동물을 돌본다는 그의 생각과 달리 동물 우리 청소를 맡게 된 것이었다.

"아유, 냄새. 숨 막혀 죽겠다. 이게 뭐야, 난 동물들을 돌보는 사육사로 취직한 거지 청소부로 취직한 게 아니란 말이야."

박어벙은 청소를 하면서 계속 투덜거렸고 그 모습을 지켜보던 선배 한완소는 박어벙에게 따끔하게 한마디 했다.

"동물을 사랑하는 마음은 잘 알겠다만 좋은 사육사가 되기 위해서는 밑바닥부터 배워야 하는 거야. 언제까지 투덜거리고 있을래?"

"앗, 선배님. 죄송합니다. 열심히 하겠습니다."

박어벙은 풀이 죽어 청소를 하였고 한완소는 자신의 예전 모습이 생각났는지 미소를 지은 채 박어벙의 청소가 끝나기를 기다리고 있었다.

"휴, 겨우 끝났네. 선배님은 이 일을 어떻게 하셨어요? 전 숨 막혀 죽을 것 같아요."

"동물을 사랑하는 마음으로 이겨 내야지. 청소도 끝났는데 나 좀 도와줘라. 유인원 우리도 청소해야 하거든."

"또 청소요? 으, 동물을 사랑하는 마음으로 참자. 아자!"

박어벙은 한완소를 따라 유인원 우리로 향했다. 유인원 우리에는 침팬지, 오랑우탄 등이 있었다. 한완소는 오랑우탄 우리 문을 열었고 오랑우탄 한 마리를 박어벙에게 소개했다.

"얘는 이름이 줄리안이고 나이는 세 살, 아주 애교가 많은 녀석이지. 줄리안 인사해."

줄리안은 박어벙에게 꾸벅 인사를 하고 한완소에게 달라붙어 애교를 부렸다. 그런 모습을 본 박어벙은 한완소가 한없이 부럽기만 했다.

"선배님, 여기 우리 안에 있는 오랑우탄 이름은 뭔가요?"

"아, 네로라고…… 이름에서 벌써 괴팍한 성격이 풍겨 오지 않아? 매우 난폭한 녀석이지. 사육사들이 가장 힘들어하는 녀석이야. 그래서 우리를 잘 안 열려고 해."

박어벙은 그래도 신기한지 네로를 계속 바라봤다. 네로를 좀 더 가까이 보기 위해 다가간 박어벙은 순식간에 앞 호주머니 속의 수첩을 네로에게 빼앗기고 말았다.

"앗, 내 수첩! 내놔!"

박어벙은 한완소의 만류에도 불구하고 네로의 우리를 열었고 네로를 끄집어내 수첩을 빼앗았다. 그러나 한완소의 말과는 달리 네로는 매우 조용하게 있었다.

"휴, 수첩 겨우 찾았네. 고마워. 대신 내가 바나나 줄게."

네로는 박어벙이 준 바나나를 넙죽 받아먹고는 박어벙의 다리에 달라붙었다. 박어벙은 네로의 갑작스러운 행동에 당황하였고 한완소는 놀랍다는 듯 말했다.

"네로가 이러기는 처음인데? 아무한테도 이런 적이 없었어. 너 의외로 진급이 빨리되겠다?"

그날 이후 박어벙은 네로의 담당 사육사가 되었다. 네로의 먹이는 물론 몸 상태 체크, 교육까지 도맡아 하게 되었다. 난폭한 네로를 굴복시킨 박어벙은 사육사들 사이에서 화제가 되었다.

"네로, 밥을 먹었으면 이를 닦아야지. 이……."

네로는 박어벙의 말을 척척 알아들었다. 박어벙이 네로를 처음 교육시킬 때는 애를 많이 먹었지만 한 번 확실하게 습득하면 어설프지만 곧잘 따라했다. 박어벙은 자신이 교육시킨 대로 행동하는 네로를 보고 가끔 정말 사람의 말을 알아듣는 게 아닐까 착각할 정도였다.

"입사 5개월 만에 난폭 오랑우탄을 교육시키다, 박어벙 천재 사육사. 오오!"

"선배님 부끄럽게 왜 그러세요."

한완소는 박어벙을 찾아와 격려했다. 박어벙은 멋쩍은 듯 머리를 긁적대며 웃었고 그 옆에서 네로도 헤벌쭉 웃으면서 박수를 쳤다.

"이 녀석 보게? 내가 교육시킬 때는 딴 짓만 하더니 자기 담당 사육사 칭찬하는지 아나 보네."

"그죠? 신기하죠?"

"이것 봐라. 자기 담당 오랑우탄이라고…… 이야, 오랑우탄이나

담당 사육사나 서로 칭찬하면 서로 좋다 그러네."

박어벙이 네로에게 과일이 담긴 밀봉된 도시락을 주면 네로는 곧잘 도시락 뚜껑을 열어 과일을 꺼내 먹었다.

"선배님, 전 네로를 보면 왠지 사람 같아요."

"오랑우탄이라는 이름 자체가 숲에서 걸어 나온 사람이라는 뜻 이라잖아. 나도 가끔 깜짝 놀랄 때가 많아."

"그래서 말인데요, 우리 사람이 원숭이로부터 진화했다는 게 어쩜 맞는 말일지도 모르겠다는 생각을 했어요."

박어벙의 말에 한완소는 약간 어이없는 듯한 표정을 지었지만 뭔가 골똘히 생각한 후 말을 꺼냈다.

"그렇다고 하기엔 설명하기 힘든 부분이 많아. 만약 원숭이에서 사람으로 진화했다면 그 중간 과정의 동물이 없잖아."

"왜요, 애네들 있잖아요."

"야, 아무리 그래도 오랑우탄을 사람이라고 말할 수는 없지. 물론 유인원이라고는 하지만 오랑우탄 중에 사람처럼 생긴 애 봤냐?"

"정말 그럴까요?"

박어벙은 그날 이후 원숭이와 사람 간의 관계를 진지하게 생각 하면서 여러 자료를 찾아보았지만 결론은 나지 않았다. 결국 박어 벙은 생물법정에 사람이 원숭이로부터 진화한 것인지 가르쳐 달라 고 의뢰하였다.

인류와 유인원의 공통 조상은 드리오피테쿠스로 추정되고 있습니다.

사람은 원숭이로부터 진화한 것일까요?
생물법정에서 알아봅시다.

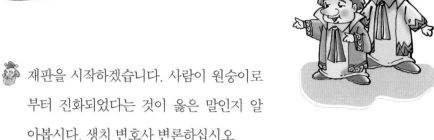

재판을 시작하겠습니다. 사람이 원숭이로부터 진화되었다는 것이 옳은 말인지 알아봅시다. 생치 변호사 변론하십시오.

인간과 원숭이는 명백히 다르며 원숭이에서 인간으로 진화되었다는 것은 절대 있을 수 없는 일입니다. 만약 원숭이가 진화하여 인간이 되었다면 지금의 원숭이가 몇백 년 뒤에는 인간이 된다는 겁니까? 그리고 다른 원숭이가 인간으로 진화되는 동안 지금의 원숭이는 왜 지금까지 인간이 되지 않았을까요?

생치 변호사는 원숭이가 인간으로 진화되었다는 것이 틀렸다는 거군요. 그런데 실제로 원숭이나 오랑우탄은 사람과 비슷한 점이 많습니다.

저는 원숭이나 오랑우탄이 싫습니다. 그리고 비슷한 점이 많을지는 몰라도 다른 점도 아주 많지요.

생치 변호사는 원숭이를 싫어해서 무조건 다르다고 하는 것은 아닌가요?

그럴지도 모르죠. 하하하! 아무튼 저는 원숭이가 인간으로 진화되었다는 사실은 인정할 수 없습니다.

비오 변호사는 원숭이와 인간의 관계에 대해 어떻게 생각합니까?

원숭이나 오랑우탄은 인간과 유사한 점과 다른 점을 모두 가지고 있습니다. 인간과의 관계가 어떻든 이들이 진화되어 왔다는 것은 화석이나 여러 가지 정보를 통해서 이미 잘 알려져 있습니다. 원숭이와 사람과의 관계가 어떤지 증인을 모셔서 말씀드리겠습니다. 증인은 화석 유전학회 최진화 회장님이십니다.

증인은 증인석으로 나오십시오.

크고 작은 붓들을 호주머니에 넣고 돋보기를 목에 건 50대 후반의 남성이 조용히 증인석에 앉았다.

원숭이가 진화되어 인간이 되었다는 설이 있는데 어떻게 해석해야 할까요?

진화론자들은 화석을 근거로 인류의 조상을 찾아내려고 애썼습니다. 이들은 화석을 통해 연구한 끝에 유인원과 인류가 공통의 조상으로부터 진화되었다고 주장합니다.

인류와 유인원의 조상이 같다고요? 그럼 인류의 조상은 누구입니까?

 인류와 유인원의 공통 조상은 드리오피테쿠스로 추정하고 있습니다.

 드리오피테쿠스는 어떤 유인원입니까?

 신생대 3기 후반에 살았을 것으로 추측되며 1856년에 처음 화석으로 발견되었는데 그 체형이 인류에 가깝고 몸집이 커서 나무에서 생활하지 않고 땅 위에서 걸어 다녔을 것으로 짐작하고 있습니다. 라마피테쿠스를 거쳐 인간의 조상으로 진화된 것으로 봅니다.

 라마피테쿠스는 어떤 유인원인가요?

 1932년 루이스에 의해 인도 북부에서 드리오피테쿠스와는 다른 고등 영장류의 왼쪽 위 턱뼈가 발견되었는데 그것을 라마피테쿠스라고 하였습니다. 두 발로 걸었다고 추측되며 치아는 유인원 계통보다는 작고 체형도 후기 인류의 계통적 특징과 같은 포물선형을 이루고 있습니다. 특히 치아가 작은 것은 손을 사용함에 따라 치아의 이용 기회가 감소했기 때문인 것으로 추측됩니다.

 유인원 이후의 인류의 조상은 누구입니까?

 인류를 유인원으로 구별할 때 인류의 조상형을 화석 인류라고 합니다. 최초의 인류라고 추측되는 화석은 아프리카에서 발견된 유인원으로 약 300만 년~100만 년 전에 생존하였으며 오스트랄로피테쿠스라고 합니다. 뇌의 용량이 450~700

ml로 현존하는 유인원과 큰 차이가 없으며 치아의 형태나 기
능은 현대인과 유사하고 두 발로 직립 보행을 했으며 간단한
석기 등의 도구를 사용했습니다.

 이후의 인류는 어떻게 진화했습니까?

 남아프리카 원인 이후 약 50만 년 전에 생존했던 자바 원인과
베이징 원인을 직립 원인 또는 호모에렉투스라고 합니다. 이
들은 오스트랄로피테쿠스보다 키가 크고 뇌 용적도
700~1100 ml로 커졌으며 돌도끼와 같은 정교한 석기를 사용
하였습니다. 또 불을 사용하고, 석기를 이용해 동물을 사냥했
으며, 집단생활을 했을 것으로 추정하고 있습니다. 이후에 네
안데르탈인이라고 불리는 구인과 크로마뇽인이라고 불리는
신인으로 진화되어 지금의 인간으로 진화되었다고 추정하고
있습니다.

 유인원과 비교해 사람은 신체 구조상 어떤 차이가 있습니까?

 유인원과 비교하여 사람은 뇌의 용적이 크며 턱의 모양이 얼
굴과 거의 수직을 이루고 있습니다. 어금니와 송곳니가 작으

 변이

변이는 같은 종류의 생물 개체 사이에 여러 가지 차이가 생기는 현상이다. 변이는 외부의 영향을 받
아 일어나는 환경 변이, 유전질의 교합에 의한 교배 변이, 유전질 자체의 변화에 의한 돌연 변이로
크게 세 종류로 나뉜다.

며 날카롭지 않고 척추의 모양이 S자형이어서 보행 시 뇌가 받는 충격을 완화시켜 줍니다. 또한 엄지손가락을 비롯한 나머지 손가락이 물건을 쥐거나 연장을 다루기에 편리하게 되어 있고 골반의 크기가 커서 직립 보행에 유리한 특징을 가지고 있습니다.

 인류의 진화와 유인원과의 차이점에 대해 아주 자세한 설명을 들었습니다. 진화론자들은 화석을 통해 인류와 유인원의 진화를 연구해 오고 있으며 그들은 인류와 유인원이 같은 조상으로부터 진화되었다고 봅니다.

같은 조상으로부터 진화되어 내려오면서 서로 갈라졌다고 볼 수 있는 거군요. 원숭이가 사람이 되는 것은 아니지만 유인원과 인간 사이에 비슷한 점이 많은 걸 보면 조상이 같았을 거라는 가설도 무리는 아닌 것 같습니다. 같은 조상에서 분리가 되었다는 사실을 알았으니 동물원에 가면 유인원을 더욱 예뻐해 줘야겠군요.

재판이 끝난 후, 자신이 아끼는 오랑우탄이 같은 조상으로부터 다른 모습으로 진화했다는 것을 알게 된 박어병은 예전보다 네로를 더 예뻐하고 아꼈다.

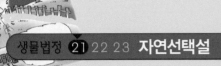

사라진 나방

회색 나방이 사라진 이유가 정말 공장 매연 때문일까요?

영세 마을과 고여 마을은 서로 못 잡아먹어서 안달인 앙숙 관계였다. 그러나 처음부터 그런 것은 아니었다. 다만 몇십 년 전 영세 마을과 고여 마을 친목도모 운동회가 두 마을의 사이를 벌어지게 한 결정적 사건이었다.

영세 마을과 고여 마을은 매년 봄에 두 마을의 가운데 위치한 초등학교 운동장에서 운동회를 하였다. 문제의 운동회 날, 여자들의 축구 시합이 있던 때였다. 두 마을의 실력이 팽팽한 가운데 고여 마을이 찬 공이 골대 밖으로 나갔고 영세 마을의 골키퍼는 공을 잡아 바닥에 찍고 차려는데 갑자기 고여 마을의 공격수가 공을 골대로 찬 것이었다.

"재가 골에 한이 맺혔나 봐. 그만 좀 차라."

공격수가 골키퍼에게 간 공을 찬 것이 한두 번이 아니었기 때문에 사람들은 그냥 웃으면서 넘겼는데 갑자기 고여 마을의 이장이 심판에게 골이 아니냐고 의문을 제기했다.

"아까 보니까 공이 밖으로 나가기 전에 골키퍼가 잡았으니까 당연히 이번에 찬 공은 골이 맞지요."

"무슨 소리입니까? 우리가 분명 공이 나간 걸 봤어요."

영세 마을과 고여 마을은 각자 의견을 주장했고 심판은 매우 곤란한 표정으로 사태를 어떻게 수습해야 할지 몰라 당황해 했다. 그런데 어느 순간부터 골이 맞나 아닌가를 떠나 두 마을은 서로 흉을 보기 시작했다.

"고여 마을은 저번에 보니까 밤에 몰래 쓰레기도 막 버리고 그러더니 원래 치사한 거였구먼."

"무슨 소리! 영세 마을은 저번에 보니까 개울가에 오물을 버리던데 어디 보고 그런 말을 해?"

급기야 영세 마을과 고여 마을은 싸움이 일어났고 일은 걷잡을 수 없이 커져 그날 이후 두 마을 사람들은 서로 만나기만 하면 흉을 보느라 바빴다.

이렇게 으르렁거리는 두 마을은 이상하게도 서로 소득 차이도 컸다. 그 이유는 영세 마을에는 희귀한 회색 나방 서식지가 있었는데 매년 이 회색 나방을 보기 위해 몰려든 관광객들 때문에 관광 수입이 꽤 컸다. 때문에 영세 마을은 가장 민감한 소득 문제로 고여 마을을 자극하였고 고여 마을은 참다 참다 도저히 못 참고 몇 년째 대책 회의를 하고 있었다.

"올해도 영세 마을에 관광객이 많이 몰렸다고 하더군요. 흔히 날아다니는 나방이 뭐가 신기하다고 사람들은 그리도 모인답니까?"

"우리 집에 있는 박제 보니까 나방이 거기서 거기더구먼."

고여 마을은 회색 나방이 별것 아니라고 했지만 이것이 가져다주는 소득은 차마 무시하지 못했다. 이것이 고여 마을을 위축시키는 원인이요, 영세 마을에 당당하게 대응할 수 없는 이유이기도 했다.

"이장님, 우리도 뭔가 특색 있는 걸 개발해서 관광객을 유치해야하지 않을까요? 이를테면 유채꽃이라든가……."

"사방에 널린 게 유채꽃인데 그게 무슨 관광 상품이라고."

고여 마을 사람들은 치열하게 갑론을박했고 잠시 후 조용하게 있던 이장이 입을 열었다.

"지금 정부에서는 산업을 키우겠다는 정책을 시행하고 회사들은 너도나도 공장을 짓고 있습니다. 그래서 말인데, 우리 마을에도 공장을 하나 유치하는 게 어떨까 싶소만."

이장의 말에 고여 마을 사람들의 의견이 나뉘었다.

"공장이 들어서면 농사하는 것보다는 돈을 많이 벌겠죠?"

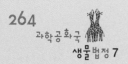

"하지만 조상 대대로 내려온 땅인데 거기다 공장을 짓겠다고? 조상님이 노하실라."

"환경도 파괴된다고 하더라고요."

고여 마을 사람들의 의견이 좁혀지지 않자 이장이 강하게 한마디 했다.

"공장을 유치하면 저 영세 마을보다 훨씬 부자가 될 거고 그러면 이제 우리도 떵떵거리고 살 수 있어요."

고요한 정적 후 고여 마을 사람들의 의견은 공장을 유치하는 쪽으로 모아졌다. 그 구심점은 오로지 영세 마을보다 부자가 되는 것이었다.

약 한 달 뒤 공장이 지어지기 시작했고 몇 년 후 마침내 공장이 완성되었다. 농사짓던 땅을 판 고여 마을 사람들은 공장에서 일했고 공장의 편의를 위해 만들어진 설비로 인해 마을의 모습도 많이 달라졌다.

"확실히 농사지을 때보다는 훨씬 돈을 많이 버는 것 같구먼. 그런데 공기가 탁해지는 것이 영 좋지만은 않네."

확실히 공장이 들어선 이후 고여 마을의 공기가 나빠지기 시작했다. 그러나 더 큰 문제는 그 여파가 영세 마을로까지 번졌다는 것이었다. 어느 날부터인가 회색 나방이 사라지고 까만 나방이 증가하면서 영세 마을의 관광객 수가 크게 줄어 버린 것이었다.

"이건 분명 고여 마을 때문이에요."

"맞아요. 공장이 지어진 이후에 나방이 사라졌다니까요."

"혹시 공장에서 까만 나방을 만드는 거 아니에요?"

영세 마을은 사라진 회색 나방과 갑자기 나타난 까만 나방 때문에 대책 회의를 열었다. 영세 마을 사람들은 한결같이 고여 마을의 공장 때문에 회색 나방이 사라진 것이라고 굳게 믿었다.

"내가 보기에도 공장이 지어진 이후 회색 나방이 사라진 것 같아요. 일단 내가 고여 마을의 이장을 만나 항의를 해 보겠습니다."

영세 마을 이장은 고여 마을 이장을 찾아갔다. 고여 마을 이장은 몹시 거드름을 피우며 영세 마을 이장을 맞이하였다.

"어서 오세요. 요즘 관광 수입이 영 시원찮다고 하던데…… 어떻게 지내고 있나요? 허허."

영세 마을 이장은 고여 마을 이장이 얄미워서 한 대 쳐 주고 싶었지만 마을의 대표인 만큼 분노를 꾹 참고 최대한 냉정하게 이야기했다.

"고여 마을에 공장이 생긴 이후 우리 마을의 회색 나방이 줄어들고 대신 까만 나방이 증가하였소. 그 때문에 막대한 손해를 봤소. 따라서 우리 영세 마을은 고여 마을에 배상금을 청구하오."

"참 기가 막히네. 아니, 우리 마을에 공장이 세워진 거랑 회색 나방이 사라진 거랑 무슨 관련이 있단 말씀이신지? 어디 증거 있소?"

"증거는 없소만 어쨌든 공장이 세워진 이후에 그렇게 됐소."

"우길 걸 우기시오. 증거도 없으면서 괜히 우리 마을이 잘되고 그쪽 마을이 안 되니까 배 아파서 어떻게 못 먹는 감 찔러나 보자 하는 심보 아니오? 당장 돌아가시오."

아무 소득도 없이 오히려 호통만 들은 영세 마을 이장은 마을 사람들에게 이 사실을 전했고 격분한 마을 사람들은 고여 마을에 배상금을 청구해야 한다며 생물법정에 고소하였다.

주변의 환경으로 인해 검은 나방이 천적인 새들에게 쉽게 노출되면
나방은 몸의 색깔을 회색으로 바꿔 자신을 보호합니다.

여기는 생물법정

고여 마을에 세워진 공장과 사라진 회색 나방은 어떤 관련이 있을까요?
생물법정에서 알아봅시다.

재판을 시작하겠습니다. 영세 마을의 회색 나방이 사라지는 원인이 무엇인지 찾아봅시다. 고여 마을의 공장 때문에 회색 나방이 줄어든다는 것을 피고 측에서는 어떻게 생각합니까?

영세 마을에서는 그동안 회색 나방이 우수한 관광 상품이어서 많은 수익을 창출했습니다. 그런데 고여 마을에서 공장을 운영하면서 수입이 많아지고 잘살게 되니까 영세 마을에서 배가 아픈가 봅니다. 게다가 요즘 영세 마을에 회색 나방이 줄어들면서 감소된 수입 부분을 채우기 위해 회색 나방이 줄어든 책임을 고여 마을의 탓으로 돌리는 것입니다. 고여 마을에서 영세 마을의 회색 나방을 잡아가거나 멸종시킨 것이 아닌데 어떻게 고여 마을의 탓이라고 할 수 있겠습니까? 타당한 증거가 없으므로 절대 인정할 수 없습니다.

고여 마을은 요즘 공장을 운영하면서 수입이 많이 늘었나 보군요. 그런데 공장을 운영하면서 매연이나 폐수가 나오진 않습니까?

물론 공장을 운영하면 매연과 폐수가 나옵니다. 하지만 기본적인 정화 장치를 하고 있습니다.

영세 마을 측에서는 회색 나방이 줄어드는 원인을 어떻게 파악하고 있는지 변론하십시오.

공기 맑고 깨끗한 영세 마을에는 예전부터 회색 나방 서식지가 있어 회색 나방을 많이 볼 수 있었습니다. 하지만 고여 마을에 공장이 들어선 이후에 차츰 회색 나방은 줄어들고 대신에 검은 나방이 많아지고 있습니다. 이대로 갔다가는 회색 나방이 멸종할지도 모릅니다.

회색 나방이 줄어든 이유가 고여 마을의 공장 때문이라는 말씀입니까?

그렇습니다. 고여 마을의 공장에서 나오는 매연 때문에 회색 나방이 줄어들고 있습니다. 공장의 매연이 어떻게 회색 나방을 줄게 만드는 원인이 되는지 증인을 통해 알아보도록 하겠습니다. 곤충협회 다날아 이사님을 증인으로 요청합니다.

증인 요청을 받아들이겠습니다.

등에 날개 모양 자수가 놓인 옷을 입은 40대 후반의 남성이 빠르게 날듯이 달려와 증인석에 앉았다.

영세 마을의 회색 나방이 사라지는 원인이 고여 마을 때문이라고 말할 수 있습니까?

 고여 마을의 공장에서 나오는 매연 때문에 회색 나방이 사라지고 있다고 볼 수 있습니다.

 매연 때문에 공기가 나빠져서 죽는 겁니까?

 공기가 나빠져 좋지 않은 영향을 끼치는 것은 맞겠지만 회색 나방이 줄어드는 대신 검은색 나방이 늘어나는 것으로 보아 공기가 나빠져 죽는다고 볼 수는 없습니다.

 공장 매연이 어떤 영향을 주는 겁니까?

 마을의 공기가 맑았을 때는 나무에 자란 지의류 때문에 나무가 전체적으로 밝은 색을 띱니다. 영세 마을의 회색 나방은 가지 나방의 일종으로 나무에 붙어사는데 지의류 때문에 밝은 나무에 붙어살다 보니 검은 나방은 눈에 잘 띄게 되어 새들의 먹이 표적이 되고 쉽게 잡아먹힙니다. 따라서 나방이 회색이 된 이유는 새의 먹이가 되지 않고 자신을 보호하기 위해서입니다.

 지의류가 무엇입니까?

 균류와 조류가 복합체가 되어 생활하는 식물군을 지의류라고 합니다. 영국의 공업 도시인 맨체스터 주변에 살고 있던 가지 나방의 일종은 원래 밝은 회색이었는데 1845년경부터 이 지역이 공업 도시로 변하면서 그 부근에서 약 1%의 검은색 나방이 발견되었고 그로부터 50년 뒤에는 주변 나방의 99%가 검은색 나방으로 변하였다고 합니다. 그 이유는 공업 도시화되면서 나무의 껍질에 붙어살던 지의류가 공장 매연으로 죽어 사라지고 나무 본래의 검은색이 노출되면서 검은 나방이 보호를 받기 때문입니다. 이것을 '공업 암화'라고 합니다.

주변 지역이 공업화되면 변화하는 생태계도 어마어마하겠군요. 영세 마을의 회색 나방이 사라지는 것은 고여 마을의 공장에서 나온 매연 때문이라고 판단되므로 영세 마을에서 회색 나방으로 벌어들이는 수익의 손실액을 고여 마을에서 배상해 줄 것을 요청하는 바입니다.

고여 마을에서 일부러 영세 마을의 회색 나방을 사라지게 만든 것은 아니지만 고여 마을의 공장에서 나온 매연에 의해 영세 마을의 관광 상품인 회색 나방에 의한 수입이 줄어들었으므로 감소된 수입의 절반을 고여 마을이 부담해야 할 것입니다. 자연은 가만히 둘 때 가장 좋은 것이며 자연이 이미 파괴되고 있다면 지금이라도 자연을 보호해야 합니다. 자연을 훼손하지 않는 것이 더욱 발전하는 길일지도 모르지요.

재판 후, 고여 마을은 영세 마을의 회색 나방에 의한 수익 손실액을 배상했다. 또한 공장으로 인해 자연을 훼손시킨 것을 반성하

게 된 고여 마을은 공장을 철거하고 자연 상태에서 수입을 얻을 수
있는 다른 상품을 찾아보기로 했다. 그러자 미안한 마음을 느낀 영
세 마을은 고여 마을 사람들에게 그동안의 일들을 사과했고, 두 마
을은 다시 사이가 좋아졌다.

갈라파고스 군도

갈라파고스에서는 왜 같은 새끼리 부리 모양이 제각각 다를까요?

오찾사는 오지를 찾는 사람들의 약자로 오지 탐험을 목적으로 모인 대학 연합 동아리였다. 오지 탐험이라는 특성상 동아리에 모인 사람들은 특이한 것을 좋아하거나 남들은 하지 못하는 이상하고도 기괴한 체험을 즐기는 사람들이 대부분이었다.

"시험 같은 건 중요하지 않아. 성적이 인생의 전부는 아니잖아? 난 과감하게 빈 종이를 내고 나왔어."

"멋진걸. 나도 사실 게임하느라 공부도 못했어. 난 게임이 이 세상에서 제일 좋아. 게임 랜드를 세우는 게 내 인생의 목표야."

"고작 게임 랜드? 난 세상의 음식을 다 먹어 보고 죽을 거야."

"야, 내 병뚜껑 따개 못 봤어? 아까 여기다 놔뒀는데."

이렇게 오찾사 회원들이 모이면 자기만의 세계를 펼치느라 정신이 없었다. 와중에 회장인 오지면은 회원들을 자기에게 집중시키게 한 후 다음에 갈 오지는 어디로 할 것인지 회의를 진행했다.

"여기 지도가 있어. 우리가 간 곳은 모두 엑스로 그었고. 그다음은 동쪽이었으면 좋겠는데…… 너희들 생각은 어때?"

"하긴 우리가 동쪽으로는 잘 안 가 보긴 했지. 그런데 동쪽 어디? 지도상에는 망망대해만 보이는데?"

"그러게. 망망대해 너머에 있는 대륙은 사람들이 징그럽게 많은 관광지뿐이고."

회원들은 도대체 동쪽 어디에 오지가 있다는 건지 모르겠다며 차라리 이번에는 국내로 도는 게 어떻겠냐는 의견을 내놨다. 그러던 중 조용하게 생물 책을 읽던 냉철남이 책을 탁 덮더니 한마디 꺼냈다.

"동쪽에는 갈라파고스 군도가 있어. 그곳은 생물학적으로도 아주 중요한 곳이야. 신기한 동물들이 많거든."

"신기한 동물?"

회원들의 시선은 모두 냉철남에게 쏠렸다. 냉철남은 차근차근 설명해 주었다.

"그곳에는 다른 지역에는 없는 동물들이 많아. 거기다 그곳은 자연에 대해 어떤 해도 끼치지 않겠다는 서약을 해야만 들어갈 수 있는 재미있는 곳이지. 찰스 다윈이 《종의 기원》이라는 책을 쓰게 된 계기가 된 곳이기도 하고."

"재밌겠다!"

회원들은 한순간에 일렁이기 시작했고 여러 말이 오가다 어느새 갈라파고스 군도로 목적지가 정해졌다. 그리고 여행 동선과 경비, 인원 등에 대한 여행 계획을 세웠다.

드디어 출발 당일, 생각보다 소수의 인원이 모였지만 모두들 기대에 부풀어 비행기에 탑승했다. 그러나 긴 비행시간에 모두들 지쳐 갔고 여행에 대한 기대감은 점점 수그러들었다.

"으악, 정말 긴 여행이었어. 근데 또 비행기를 타고 가야 하잖아?"

"그래도 이만큼 온 게 어디야? 근데 어째 생각보다 사람이 많다?"

"그러게. 오지라고 생각했는데 아닌가 봐."

오찾사 회원들은 갈라파고스 군도로 가려는 사람들이 생각보다 많아 당황했지만 신기한 동물들을 볼 수 있다는 사실을 위로 삼기로 했다.

"흠, 동물들을 함부로 만지거나 먹이를 주지 않겠습니다, 육지에서 어떤 동식물도 가지고 들어가지 않겠습니다. 정말 자연을 보호하려나 보네."

갈라파고스로 향하는 비행기 안에서 서약서를 본 회원들은 꼼꼼

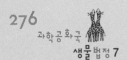

히 읽어 본 뒤 서명하였고 이제 곧 고대하던 갈라파고스에 도착한 다는 사실에 기분이 날아갈 것만 같았다.

"뜨아, 여기가 정녕 우리가 찾던 갈라파고스란 말이더냐? 막상 오니까 믿기지 않는다."

"일단 배를 타고 여러 섬을 돌아다녀 보자. 어떤 신기한 동물들이 있는지 봐야할 것 아냐."

회원들은 배를 타고 섬 주변을 둘러보았다. 확실히 과학공화국에서는 절대 볼 수 없었던 이름을 알 수 없는 동물들이 많았다.

"저건 땅거북이라고 하는 거북이야. 저건 갈라파고스의 상징인 이구아나."

냉철남은 회원들 맨 앞에 서서 섬에 있는 생물들을 일일이 가르쳐 주었다. 회원들은 역시 생물학도는 다르다며 감탄하였고 어느 새 모르는 사람들마저 냉철남의 설명을 듣기 위해 몰렸다. 그러나 자상한 선생님 냉철남에게 위기가 닥쳤다.

"저 새는 핀치라는 새야."

"핀치? 아까 다른 섬에서 본 새도 핀치 아니었어?"

"맞아, 같은 종이야."

"에게? 정말? 뭐 잘못 알고 있는 거 아냐?"

한 회원이 고개를 갸우뚱거리며 이해할 수 없다는 듯 말했다. 사실 냉철남이 가르쳐 준 핀치라는 새는 섬마다 부리 모양이 달랐기 때문이다.

"부리 모양이 다른데 어떻게 같은 종이라고 할 수 있어?"

"각 섬의 특성상 부리 모양이 달라진 거야."

"거 참 이상하네. 아무리 봐도 다른 새 같은데…… 너 뭐 잘못 알고 있는 거 아냐?"

"그럼 쟤네들 종이 다 다른데 그건 어떻게 설명할래?"

"그건……."

회원들의 질문 공세에 냉철남은 말문이 막혔다. 회원들은 아무리 봐도 새 종이 다른데 자꾸 같다고 하니 도저히 믿을 수 없었다.

냉철남은 계속 다 같은 종이라고 설명을 했지만 전혀 먹혀들지 않았고 결국 과학공화국으로 돌아가 생물법정에서 자신의 말이 옳다는 것을 증명해 달라고 의뢰했다.

'핀치'라는 새는 각자 고립된 곳에서 오랜 세월을 지내면서 먹이의 종류와 크기 등이 각각 달라 그 부리 모양과 몸집 등도 환경에 맞게 각각 달라졌습니다.

섬마다 핀치의 부리 모양이 다른 이
유는 무엇일까요?
생물법정에서 알아봅시다.

재판을 시작하겠습니다. 핀치의 부리 모양이
새마다 다른 이유가 무엇일까요? 피고 측 변
론해 주십시오.

머리, 부리, 털 색깔, 털 모양, 발 모양 등은 새를 구별하는 기
준이 됩니다. 이러한 것들의 형태가 다르면 다른 종으로 해석
합니다. 그렇다면 핀치는 어떨까요? 부리 모양이 다르기 때
문에 당연히 새의 종도 다릅니다. 확연히 다른 부리를 가진
새끼리 같은 종이라고 하는 것은 고양이와 개가 같은 종류의
동물이라고 하는 것과 같습니다. 원고가 말하는 핀치들은 고
유한 종의 이름을 가진 다른 새일 것입니다.

피고 측은 원고가 말한 핀치라는 새를 모두 같은 종이라고 하
는 것에 동의할 수 없다고 하는군요. 원고 측은 핀치에 대해 어
떤 의견인지 들어 보도록 하겠습니다. 원고 측 변론하십시오.

같은 개라도 각각의 모양이 다른 것처럼 부리의 모양이 다르
지만 모두 핀치가 맞습니다.

어떻게 같은 핀치의 부리 모양이 확연히 차이 날 수 있
지요?

 핀치라는 새에 대해 잘 알고 계시는 새 박사 다알아 박사님을
증인으로 요청합니다.

 증인 요청을 받아들이겠습니다.

약간 돌출된 눈을 가진 50대 초반의 남성이 양쪽 어깨에
각각 앵무새와 부엉이를 올리고 증인석으로 나왔다.

 갈라파고스 군도는 어떤 곳입니까?

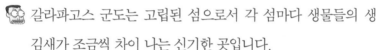 갈라파고스 군도는 고립된 섬으로서 각 섬마다 생물들의 생
김새가 조금씩 차이 나는 신기한 곳입니다.

 갈라파고스에 산다는 핀치는 어떤 새입니까?

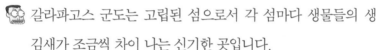 핀치는 참새목의 작은 조류 중 관상조로 기르는 되샛과와 납
부리과 조류를 총칭하는 말로 '핀치' 라는 용어는 조류 사육
사가 외국산 관상조에 붙인 호칭입니다.

 핀치는 부리 모양에 따라 종이 다릅니까?

 핀치의 부리 모양은 여러 환경에 따라 진화하면서 변화된 것
입니다. 따라서 부리 모양이 달라졌다고 해서 핀치의 종류가
다른 것은 아닙니다.

 부리의 모양은 어떻게 제각기 달라진 것입니까?

 핀치는 처음에 한 형태의 새였지만, 고립된 곳에서 오랜 세
월을 지내면서 사는 곳과 먹이의 종류와 크기, 그리고 열매의

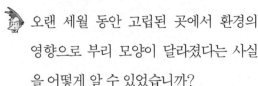

딱딱함에 따라 부리의 모양과 새의 크기 등이 많이 달라지면서 여러 형태로 분류되었습니다.

오랜 세월 동안 고립된 곳에서 환경의 영향으로 부리 모양이 달라졌다는 사실을 어떻게 알 수 있었습니까?

갈라파고스에 사는 핀치의 부리에 대해 20년간 연구한 그랜트 부부는 핀치 부리의 크기와 높이, 각도의 1mm 차이가 핀치의 생존에 지대한 영향을 미치고 가뭄이나 홍수 같은 상반된 자연 환경의 결과로 부리 모양이 달라졌다는 사실을 알아 냈습니다.

고립된 곳에서 핀치라는 새를 연구하느라 20년을 섬에서 보냈다니 그랜트 부부는 참 대단한 사람들이군요. 핀치의 부리는 고립된 환경의 영향으로 섬마다 각기 다른 부리 모양을 가지게 된 것이며 그 종은 다르지 않다는 것을 증명했습니다.

의뢰인은 사람들이 자신의 말을 믿지 않고 계속 의심하여 억울했겠습니다. 하지만 핀치의 부리는 환경의 영향으로 진화한 흔적이라고 볼 수 있으며 같은 종이라는 것이 입증되었으니 마음 쓰지 마세요. 핀치는 같은 종이라는 것을 인정합니다. 이상으로 재판을 마치겠습니다.

재판이 끝난 후, 냉철남의 설명을 믿지 않았던 사람들은 냉철남
에게 사과했다. 그 후 다시 갈라파고스에 간 사람들은 냉철남의 가
이드를 받으며 더욱더 많은 것을 보고 배우고 돌아왔다.

말의 화석

옛날에는 정말 말발굽이 앞다리에 4개나 있었을까요?

고고생물학자인 고박사는 학계에서 괴짜 과학자로 통했다. 그 이유는 자신이 연구에 몰두해 있을 때 는 세상의 모든 연락을 다 끊고 잠적해 있다가 갑 자기 나타나서는 황당무계한 이론을 제기하여 학계 사람들을 미지 의 세계로 빠뜨렸기 때문이다. 그래서 언제부터인가 고박사가 제 시한 이론은 사람들에게 무시당하기 일쑤였지만 고박사의 연구는 지칠 줄 몰랐다.

"으흠, 역시 아침에는 토스트가 좋겠어."

고박사는 책상 옆 벽에 붙어 있는 스위치를 눌렀다. 그러자 기계가 스스로 움직여 식빵을 토스트기에 넣고 프라이팬에는 계란과 베이컨을 넣어 구웠다. 그리고 곧바로 시원한 우유가 컵에 따라져 고박사의 책상에 배달되었다.

"역시 브라운 그 녀석 발명품은 정말 쓸 만하다니까."

사실 이 아침 준비용 기계는 고박사의 절친한 친구인 발명가 브라운이 설계해 준 것으로 고박사가 연구에만 몰두할 수 있도록 만들어 준 것이었다.

"흐음, 그나저나 이번 연구 주제는 무엇으로 하지? 고대 세균은 이미 다 써먹었고…… 이젠 어류 쪽으로 가 볼까? 아니야, 아무래도 요즘 유행은 공룡이니까 공룡으로 할까? 그러기엔 너무 많은 사람들이…… 포유류로 해 볼까?"

고박사는 고심 끝에 옛날 포유류를 연구하기로 결심하고 여러 논문과 인터넷 웹 사이트를 뒤졌다. 그러나 마땅히 고박사의 이목을 끌 만한 것이 없었다.

"이거 인터넷에 광고라도 올려야 하나? 이렇게 자료가 없어서야 원. 한동안 쉬라는 하늘의 명인가 보지 뭐. 오랜만에 브라운에게나 가 볼까나?"

고박사는 좋은 연구를 위해서라면 즐겁게 쉴 줄도 알아야 한다며 자기 합리화를 하고 대뜸 브라운에게 전화를 걸었다.

"브라운 자넨가? 날세, 고박사. 오늘 자네 집으로 갈 건데 준비하고 있게나."

"오호, 오늘 오는 건가? 왜 이제 오는가. 허허, 기다리고 있겠네."

보통 당일에 연락해서 간다고 하면 난색을 표하는 게 보통인데 브라운은 언제든 오라며 매우 환영했다.

"즐거운 여행, 랄랄라 랄랄라."

고박사는 콧노래를 흥얼거리며 짐을 싸기 시작했다. 그러나 그때 막 이메일의 도착을 알리는 알림 벨이 울렸다.

"보나 마나 또 스팸 메일이겠지. 그래도 여행 가기 전에 깔끔하게 비워 놓고 가야 이메일한테도 예의겠지?"

고박사는 스팸 메일을 지우기 위해 컴퓨터 앞으로 다가왔다. 그러나 예상과는 달리 한 학생으로부터 온 이메일이었다.

안녕하세요, 고박사님. 이렇게 이메일을 보내는 것은 다름이 아니라 우리 할머니 댁에 있는 큰 돌 때문입니다. 할머니께서는 지지대로 쓰려고 산에서 가져오셨다고 하시지만 제가 보기엔 심상치 않은 돌인 것 같습니다. 고박사님이 판단해 주시고 연락 주세요. 사진도 같이 보냅니다.

고박사는 학생이 보낸 사진을 열람하였다. 역시 학생의 말대로 범상치 않은 돌이었다.

"브라운 자넨가? 미안하지만 다음에 가야 할 것 같네. 중요한 문제가 있어서. 그럼 이만."

고박사는 곧장 학생의 할머니 댁으로 향했다. 고박사의 집에서

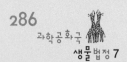

꽤 멀리 떨어진 곳이었으나 고박사는 오로지 범상치 않은 돌을 보겠다는 일념 하에 지치지도 않았다. 고박사가 할머니 댁에 도착했을 때 할머니는 무언가를 세우기 위해 돌을 끙끙 나르고 있었다.

"할머니 잠시만요! 그 돌, 깨지면 안 돼요!"

고박사는 부리나케 달려가 할머니를 말렸다. 할머니는 웬 낯선 남자가 들어와 갑자기 돌을 보물 다루듯하니 어리둥절할 뿐이었다.

"오호, 이것은 틀림없는 화석이야. 할머니 이거 어디서 가져오셨죠?"

"저쪽 뒷산에 나물 캐러 갔다가 발견한 거여. 참 좋지?"

"우아, 정말 굉장한 발견을 하신 거예요. 할머니, 이거 저한테 파실 생각 없으세요?"

"팔기는 무얼. 나도 주웠는데. 그게 그렇게 중요한 거여?"

"네, 할머니는 역사에 길이길이 남을 거예요."

고박사는 할머니에게서 받은 무거운 화석을 끙끙대며 집으로 들고 왔다. 그리고 약 한 달 동안의 연구 결과 끝에 그것은 옛날 말의 화석이라고 결론지었다.

"저기 봐, 고박사가 왔어. 오늘은 또 무슨 황당한 이론을 주장하고 왔대?"

"기대된다, 기대돼."

학계 사람들은 고박사가 무엇을 발표할지 매우 궁금해했고 고박사는 힘들게 들고 온 돌을 올려놓고 말했다.

"오늘 제가 발표하려는 것은 옛날 말에 관한 것입니다. 이 화석은 옛날 말의 화석으로 이 화석을 분석했을 때 말발굽 수가 앞다리에는 4개, 뒷다리에는 3개가 있었습니다."

학계는 고박사의 발표 내용에 여전히 어이가 없다는 반응이었다. 게다가 자신의 이론을 안 믿어 주니까 일부러 조작한 것이 아니냐는 의심까지 했다.

"이제 너무 안 믿어 주니까 과학자로서 해서는 안 될 영역까지 가 버렸군. 증거 자료를 조작하다니!"

"세상에 말발굽이 무슨 수퍼 변신 로봇인 줄 아나?"

학계는 역시 고박사의 말을 믿어 주지 않았고 이상한 사람으로 몰아갔다. 평소에는 허허 웃으며 넘어가던 고박사도 이번만큼은 자신의 의견을 무시한 동물학회를 가만두지 않을 거라고 결심했다.

"거기 생물법정이죠? 저는 고박사라고 합니다. 제 이론을 비웃는 동물학회를 고소하고 싶습니다."

말발굽은 처음에 앞다리에 4개, 뒷다리에 3개가 있었지만
크게 갈라진 말발굽은 포식자로부터 도망치기 좋지 않은 조건이었기 때문에
점점 그 수가 줄어들다 마침내 하나의 굽으로 되었습니다.

여기는 생물법정

말발굽 수는 원래 몇 개였을까요?

생물법정에서 알아봅시다.

재판을 시작하겠습니다. 말발굽은 처음부터 하나였는지 진화를 통해 변화가 일어난 건지에 대해 알아봅시다. 피고 측 변론하십시오.

말발굽은 처음부터 하나였습니다. 말발굽이 3개, 4개였다면 발가락, 손가락은 왜 빼먹습니까? 발가락, 손가락도 있었다고 하지 그랬어요?

생치 변호사는 비꼬지 말고 진지한 변론을 부탁드립니다. 말발굽 수가 변화했을 수도 있지 않습니까?

그래도 3개, 4개의 발굽이 하나로 되는 것은 너무 심하잖아요. 만약 진화가 되었다고 하더라도 말의 생명은 발인데 많이 사용해서 말발굽이 더 많아져야 진화가 제대로 되었다고 볼 수 있는 것 아닌가요? 마술을 부린 것도 아닌데 3~4개의 말발굽이 하나가 되었다고 하니 인정할 수 없습니다.

피고 측의 의견이 어떤지 알았습니다. 원고 측의 변론을 들어보겠습니다. 말발굽이 하나가 된 것은 진화의 결과입니까?

맞습니다. 말발굽은 오랜 시간 동안 차츰 변화된 진화의 결과

입니다. 말발굽의 진화에 대해 증언해 주실 가축협회의 이육
상 회장님을 증인으로 요청합니다.

 증인 요청을 받아들이겠습니다.

말가죽으로 만든 가방과 신발을 신은 50대 중반의 남성이
판사의 말이 끝나기도 전에 증언석에 앉았다.

 말발굽은 진화되어 결과적으로 하나가 된 것입니까?

 진화의 결과가 맞습니다. 말의 진화 과정은 에오히푸스 → 메
소히푸스 → 메리치푸스 → 풀리오히푸스 → 에쿠우스입니다.

 진화의 기준은 뭡니까?

 말발굽의 모양이나 말의 몸 크기로 나뉜 것입니다.

 말발굽은 어떻게 진화되었으며 진화의 원인은 무엇입니까?

 말발굽은 처음에 앞다리에 4개, 뒷다리에 3개가 있었습니다.
발가락이 크게 갈라져 있으면 포식자로부터 도망가기가 불리
하여 빨리 달릴 수 없습니다. 그래서 발가락 수가 점차 줄어
들다가 아예 하나의 굽으로 되어 버린 것입니다.

 몸집의 크기는 어떻게 달라졌습니까?

 항온 동물의 경우 체표 면적과 부피를 기준으로 체표 면적 비
율이 작을수록 더 많은 에너지가 들고 체표 면적의 비율이 클
수록 에너지 효율이 증가합니다. 때문에 결과적으로 몸집이

커지는 쪽으로 진화되었다고 보는데 여기에는 숲이 초원으로 바뀌는 환경 변화도 한 몫하게 됩니다. 현재 말의 크기가 큰 것은 빨리 달리게 하기 위해 품종 개량을 한 것도 있기 때문이며 반드시 큰 종만 있는 것은 아닙니다. 말발굽의 수가 적어지고 몸집이 커지는 방향으로 일관되게 진화된 것처럼 일정한 방향성을 가지도록 진화가 일어나는 것을 정향 진화라고 합니다.

 말발굽이 처음에는 앞다리 4개, 뒷다리 3개였으며 진화의 결과로 하나가 되었다는 것을 알았습니다. 따라서 터무니없는 내용이라고 고박사를 무시했던 동물학회 회원들은 반성하고 고박사의 논문을 인정해 줘야 할 것입니다. 이상으로 재판을 마치겠습니다.

재판이 끝난 후, 동물학회 회원들은 고박사에게 사과했다. 결국 고박사의 논문은 인정되어 학회지에 실렸고, 그 후 고박사는 평생 동물의 진화에 대해 연구를 하고 논문을 발표했다.

다윈의 어린 시절

1809년 2월 12일에 영국 남서부의 슈루스베리에서 태어난 다윈은 어릴 때부터 아주 활발하고 호기심이 많았습니다. 그래서 틈만 나면 들판으로 나가 사냥을 하거나 호수에서 물고기를 잡았습니다. 그는 조개껍질이나 신기하게 생긴 돌멩이를 모으면서 이것들이 어디에서 생겨났는가 항상 궁금해했습니다. 그는 자연에 대한 호기심이 가득해 열 살 때는 바닷가에서 3주 동안 새로운 곤충들을 관찰하기도 했습니다.

다윈은 아홉 살부터 7년 동안 버틀러 목사님이 가르치는 교회 학교를 다녔습니다. 이곳에서 그는 고대의 역사나 지리학을 배웠지요. 하지만 목사님의 수업은 아주 따분했습니다.

당시 그는 화학을 좋아했는데 형과 함께 창고를 화학 실험실로 꾸며 여러 가지 화학 실험을 하곤 했습니다.

그러던 어느 날 그는 들판으로 나가 오래된 나무껍질을 뜯어내다가 희귀한 모양의 딱정벌레 두 마리를 발견했습니다. 그는 두 마리의 딱정벌레를 한 손에 하나씩 쥐고 있었는데 또 한 마리의 딱정벌레가 나타났습니다. 그는 그 딱정벌레 역시 놓치고 싶지 않아 손에 쥔 딱정벌레 한 마리를 얼른 입에 집어넣었습니다. 그러나 딱정 벌레가 냄새가 지독한 분비액을 내놓는 바람에 뱉어 버릴 수밖에 없었습니다. 이 정도로 다윈은 희귀한 벌레를 수집하는 것을 아주 좋아했답니다.

비글호 탐험

1825년 그는 에든버러 의과대학에 입학했습니다. 원치는 않았 지만 의사인 아버지의 권유로 어쩔 수 없이 다니게 되었지요. 하지 만 의사는 그의 적성에 맞지 않았습니다. 당시에는 마취를 하지 않 은 상태에서 수술을 했는데 다윈은 환자들의 피와 비명 소리를 견 뎌 내지 못하고 수술실을 뛰쳐나가 결국 의사의 길을 포기하게 되 었습니다.

1828년 아버지는 그를 목사로 만들 생각으로 케임브리지 대학 에 보냈습니다. 그는 성경 공부보다는 동물과 식물에 관심이 많아 식물학자인 헨슬로 교수와 친하게 지냈습니다. 1831년 봄 그는 대 학을 졸업했습니다. 그리고 1831년 12월 27일 헨슬로 교수의 추 천으로 비글호라는 이름의 범선을 타고 항해를 하게 되었습니다.

과학성적 끌어올리기

이것이 바로 그의 운명을 바꿔 놓은 역사적인 여행이 되었습니다.

1832년 2월 28일, 여행을 떠난 지 두 달 만에 드디어 새로운 대륙이 있는 브라질의 바이아에 도착했습니다. 브라질에는 하늘을 찌를 듯한 큰 나무들과 지금까지 본 적이 없는 신기한 동물들, 엄청나게 커다란 벌레들이 살고 있었습니다.

그는 날마다 수십 종의 벌레와 새의 표본을 모으기 시작했습니다. 당시 다윈이 모은 표본은 그 당시까지 사람들에게 알려지지 않은 생물들이었습니다.

갈라파고스 제도

1835년 9월 15일 그는 태평양에 있는 갈라파고스 제도에 갔습니다. 이곳은 수많은 섬들로 이루어진 곳인데 섬마다 기후나 환경이 조금씩 달랐습니다. 그래서인지 각각의 섬에서 자라는 거북이나 새, 식물들의 모양에 차이가 있었습니다. 섬에 사는 사람들은 거북이 등딱지의 모양과 색깔만으로도 그 거북이가 어느 섬에서 온 것인지 알 수 있을 정도였습니다.

또한 갈라파고스의 많은 섬에는 서로 다른 종류의 딱따구리가 살고 있었는데 섬마다 부리의 모양이 달랐습니다. 식물이 많은 섬에 사는 딱따구리는 식물의 씨를 주로 먹고 살아 부리가 굵었고 곤충이 많은 섬에 사는 딱따구리는 작은 곤충을 잘 잡아먹을 수 있도록 부리가 가늘고 길었습니다. 그는 이들 딱따구리들이 주어진 환경에서 가장 잘 적응할 수 있도록 부리의 모양이 변한 것이라고 생각하게 되었습니다.

갈라파고스의 생물들에 대한 관찰은 그에게 놀라운 생각을 떠올리게 했습니다. 같은 종류의 동물들이라도 기후나 환경이 다른 곳에서 오랫동안 살게 되면 그 모양이 각자 다르게 변한다는 것이지요. 이것이 바로 그의 진화론입니다.

산호초를 만나다

갈라파고스에서 5주 동안 머문 다음 그는 타히티 섬과 뉴질랜드를 거쳐 1836년 1월 12일 오스트레일리아에 도착했습니다. 오스트레일리아는 낯선 동물들로 가득 찬 새로운 대륙이었습니다. 그는 이곳에서 캥거루와 같은 여러 포유류와 많은 식물들을 보게 되었지요.

그다음으로 방문한 곳은 인도양에 있는 컬링 산호초라는 곳입니다. 진화론 외에 그의 또 다른 커다란 업적 중 하나는 산호초가 만들어지는 과정을 규명한 것입니다. 1836년 4월 12일 컬링 섬을 둘러싼 산호들을 관찰하면서 여러 가지 종류의 산호초의 차이를 명확하게 파악했고 산호초가 만들어지는 과정을 밝혀냈습니다. 즉 산호초는 바다 지각이 위로 솟아오르거나 가라앉는 운동이 수차례 반복되어 만들어진다는 것을 알아냈지요.

《비글호 항해기》의 출판

비글호는 5년간의 탐사를 마치고 1836년 10월 2일에 영국에 도착했습니다. 그는 비글호 항해를 마치고 귀국한 후 1838년에 영국 지질학회의 서기가 되었지요. 그리고 이듬해에는 영국학사원의 회원이 되는 영광을 누렸습니다. 그런 지위에 오르기에는 아직 젊었지만 학자들은 그의 학문적 업적을 인정했던 것입니다. 그는 1839년 1월 사촌 누나인 웨지우드와 결혼해 학문에 몰두할 수 있었습니다. 그리고 같은 해 비글호에서 겪은 일기를 모아서 《비글호 항해기》라는 책을 냈습니다. .

　그러나 건강이 좋지 않아 1841년 2월에 지질학회의 서기직을 사임했습니다. 남아메리카에서 걸렸던 풍토병이 재발한 것이지요. 그는 1835년 3월 안데스 산맥을 넘어 아르헨티나를 답사하던 중 벤추카 빈대에 물려 풍토병인 사가스 병에 걸린 적이 있었습니다. 브라질 수면병으로 알려진 이 병에 걸리면 어린이는 죽을 수 있으며 어른 또한 자유로운 행동을 하지 못합니다.

진화론

　그는 갈라파고스의 거북이와 딱따구리들에 대한 관찰로부터 모든 생물은 환경에 따라 그 모습이 달라진다는 생각을 품게 되었습니다. 즉 환경이 바뀌면 그 환경에 가장 적합한 체질을 가진 생물만이 살아남고 자손들에게는 그 환경에 살아남기에 가장 좋은 것만 물려주는 것입니다.

　예를 들어 목이 긴 것으로 유명한 기린이란 동물이 있습니다. 그럼 아주 오래전에도 기린의 목이 모두 길었을까요? 이 점에 대해 그는 아주 오래전에는 목이 긴 기린뿐 아니라 목이 짧은 기린도 있었다고 생각했습니다. 기린들은 풀을 뜯어 먹고 사는데 목이 긴 기린은 높은 나무의 잎을 뜯어 먹고 목이 짧은 기린은 풀을 뜯어 먹습니다. 하지만 세월이 흘러 환경이 변해 땅에서 자라는 풀들이 사라져 먹을 것이 나뭇잎들뿐이라면 목이 짧은 기린은 사라지고 목이 긴 기린만 살아남게 되는 것이지요. 그는 이렇게 환경에 따라 기린의 목이 길어지는 진화가 이루어졌다고 생각했던 것입니다.

《종의 기원》출판

그는 진화론이 교회와 충돌할 것을 두려워해 발표하기를 꺼려하고 자료 정리와 책을 쓰는 일에만 몰두했습니다. 그런데 라마르크라는 학자가 진화론과 비슷한 이론을 발표하자 그의 친구들은 그의 업적이 다른 사람에게 돌아갈 수도 있다며 서둘러 발표할 것을 설득했습니다.

1858년 다윈이 49세가 되었을 때 그는 뜻밖의 편지 한 통을 받았습니다. 월리스라는 학자가 보낸 편지였는데 놀랍게도 그의 진화론과 거의 비슷한 내용을 담고 있었습니다. 월리스는 말레이시아와 동인도 제도를 탐험해 얻은 결과를 정리했습니다. 22년 동안 자료를 정리해 온 다윈은 진화론이 월리스의 업적으로 돌아갈 것이 두려워 윌리스와의 공동 연구를 제의했고 1858년 7월 린네 학회에서 나온 윌리스는 진화론에 대한 연구 논문을 발표했습니다.

이듬해인 1859년 그는 진화론에 대한 많은 경쟁 과학자들이 두려워 서둘러 자료를 정리하고 《종의 기원》을 출판했습니다. 이 책은 폭발적인 반응을 얻었습니다. 처음에는 1,250부만 찍었는데 하루 만에 모두 팔려 곧바로 재판을 찍어야 할 정도로 팔렸으니까요. 그의 진화론은 모든 사람들에게 엄청난 반응을 일으켰지요.

진화론의 흔적

진화론은 마치 사람이 원숭이나 고릴라로부터 진화되었다는 오해를 불러일으켰습니다. 물론 그는 그런 주장을 한 적이 없는데도 말입니다. 그는 사람을 포함한 모든 생명체는 하나님이 맨 처음 창조했으며 다만 환경에 따라 그 모양이 조금씩 달라졌다고만 생각했습니다. 하지만 그의 주장에도 불구하고 사람들은 그를 '영국에서 가장 위험한 사람'으로 몰았습니다. 물론 반대로 그의 진화론을 적극적으로 지지해 주는 과학자들도 있었지만 말입니다.

동물이나 식물의 진화를 입증하는 증거는 일부 생물들이 거의

쓸모없어 보이는 흔적 기관을 가지고 있다는 점입니다. 타조는 몸이 무거워 날지 못하는 새입니다. 하지만 타조에게도 날개가 있습니다. 이것은 타조가 과거에는 하늘을 날았다는 것을 나타내는 흔적 기관이지요.

또 다른 예로는 뱀을 들 수 있습니다. 뱀은 다리가 없습니다. 하지만 뱀의 몸속에는 다리의 뼈로 보이는 흔적 기관이 있습니다. 그러므로 뱀도 과거에는 네 발로 걸어 다니다가 지금은 다리가 필요 없어져 그 흔적만 남아 있는 모습으로 진화된 것을 의미합니다.

그는 삶의 마지막을 다운에 있는 집에서 보냈습니다. 그는 난초를 기르면서 벌레가 어떻게 암술에 수술의 꽃가루를 붙이는지 살펴보면서 난초가 진화하면 나중에는 어떤 모습이 될 것인가 골몰하곤 했습니다.

그는 젊은 시절 남아메리카 탐험 때 걸렸던 풍토병으로 평생을 고생하다가 1882년 4월 19일 다운에 있는 집에서 생을 마쳤습니다. 그는 위대한 과학자로 인정받아 영국 웨스트민스터 사원의 뉴턴의 무덤 바로 옆에 묻히는 영광을 얻게 되었습니다.

생물과 친해지세요

이 책을 쓰면서 좀 고민이 되었습니다. 과연 누구를 위해 이 책을 쓸 것인지 난감했거든요. 처음에는 대학생과 성인을 대상으로 쓰려고 했습니다. 그러다 생각을 바꾸었습니다. 생물과 관련된 생활 속의 사건이 초등학생과 중학생에게도 흥미 있을 거라는 생각에서였지요.

초등학생과 중학생은 앞으로 우리나라가 21세기 선진국으로 발전하기 위해 필요로 하는 과학 꿈나무들입니다. 그리고 최근 생명과학의 시대에 가장 큰 기여를 하게 될 과목이 바로 생물학입니다. 하지만 지금의 생물 교육은 직접적인 관찰 없이 교과서의 내용을 외워 시험을 보는 것이 성행하고 있습니다. 과연 우리나라에서 노벨 생리 의학상 수상자가 나올 수 있을까 하는 의문이 들 정도로 심각한 상황에 놓여 있습니다.

저는 부족하지만 생활 속의 생물학을 학생 여러분들의 눈높이에 맞추고 싶었습니다. 생물학은 먼 곳에 있는 것이 아니라 우리 주변에 있다는 것을 알리고 싶었습니다. 생물 공부는 논리에서 시작됩니다. 올바른 관찰은 생물에 대한 정확한 정보를 줄 수 있기 때문입니다.